myBook+

Ihr Portal für alle Online-Materialien zum Buch!

Arbeitshilfen, die über ein normales Buch hinaus eine digitale Dimension eröffnen. Je nach Thema Vorlagen, Informationsgrafiken, Tutorials, Videos oder speziell entwickelte Rechner – all das bietet Ihnen die Plattform myBook+.

Ein neues Leseerlebnis

Lesen Sie Ihr Buch online im Browser – geräteunabhängig und ohne Download!

Und so einfach geht's:

- Gehen Sie auf **https://mybookplus.de**, registrieren Sie sich und geben Sie Ihren Buchcode ein, um auf die Online-Materialien Ihres Buches zu gelangen
- **Ihren individuellen Buchcode finden Sie am Buchende**

Wir wünschen Ihnen viel Spaß mit myBook+!

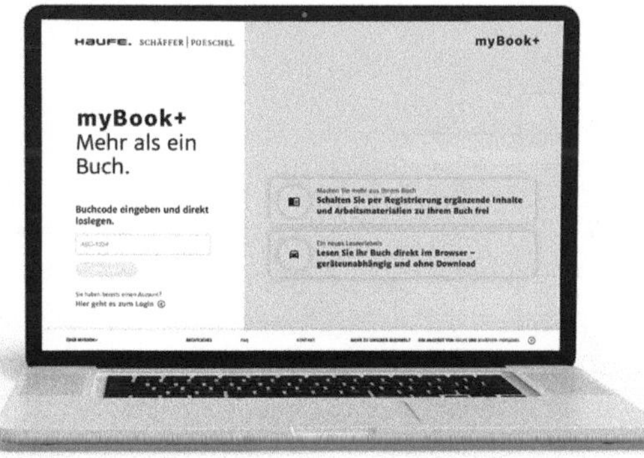

Vereinsfinanzierung: Vereinsexistenz sichern!

Ronald Wadsack/Gabriele Wach

Vereinsfinanzierung: Vereinsexistenz sichern!

1. Auflage 2024

Haufe Group
Freiburg · München · Stuttgart

Bibliografische Information der Deutschen Nationalbibliothek

Die Deutsche Nationalbibliothek verzeichnet diese Publikation in der Deutschen Nationalbibliografie; detaillierte bibliografische Daten sind im Internet über http://dnb.dnb.de/ abrufbar.

Print:	ISBN 978-3-648-17641-2	Bestell-Nr. 13133-0001
ePub:	ISBN 978-3-648-17642-9	Bestell-Nr. 13133-0100
ePDF:	ISBN 978-3-648-17643-6	Bestell-Nr. 13133-0150

Ronald Wadsack/Gabriele Wach
Vereinsfinanzierung: Vereinsexistenz sichern!
1. Auflage 2024, September 2024

www.haufe.de
info@haufe.de

Bildnachweis (Cover): © Tobias Schwarz
Bildnachweis (Innenteil): wiederkehrende Grafik: © pyty, Adobe Stock

Produktmanagement: Annette Ziegler
Lektorat: Ursula Thum, Text+Design Jutta Cram, Augsburg

Inhaltsverzeichnis

Arbeitshilfen

Zum Einstieg

Finanzen sind für Vereine schon immer ein Thema. Zu Beginn im 18. bzw. 19. Jahrhundert waren die Finanzierung aus Beiträgen und die Unterstützung durch Mäzene die Grundlage der wirtschaftlichen Lebensfähigkeit. Im 20. Jahrhundert und noch einmal verstärkt in der zweiten Hälfte des 20. Jahrhunderts haben sich für Vereine neue Möglichkeiten der Finanzierung eröffnet. Das Spektrum ist deutlich breiter geworden, Möglichkeiten wie Sponsoring, Crowdfunding oder Zuwendungen aus öffentlichen Kassen sind hinzugekommen. Sie erfordern spezifische Kompetenzen. Nicht jeder Verein kann in gleichem Maße davon profitieren. Je nach Tätigkeitsgebiet des Vereins und öffentlicher Bekanntheit ergeben sich hier verschiedene Möglichkeiten.

Für die Finanzierung eines Vereins sind besonders folgende Fähigkeiten gefragt:

- Finanzquellen zu finden,
- Finanzquellen zu erschließen,
- die Vereinsfinanzen zu planen und zu steuern und
- die verfügbaren finanziellen Mittel sparsam, aber wirkungsvoll einzusetzen.

Dass dabei die rechtlichen Regeln zu Buchhaltung bzw. Rechnungslegung, Mitbestimmung der Mitglieder und Gemeinnützigkeit einzuhalten sind, versteht sich von selbst. Sie sollen hier nicht im Mittelpunkt stehen. Es geht auch nicht darum, waghalsige Aktionen mit den Vereinsfinanzen durchzuführen oder etwa mit dem Gedanken, »etwas Gutes zu tun«, rechtlich fragwürdige Finanzierungsaktionen zu starten. Es gilt, den Spagat zwischen finanziell guter Ausstattung des Vereins und Erhalt der Vereinsidentität zu schaffen und sich nicht für die Erzielung von Einnahmen von den Grundwerten und Zielen des Vereins »zu entfremden« oder »die Seele des Vereins zu verkaufen«.

In der heutigen Zeit (wir befinden uns im Frühjahr 2024) zeichnen sich einige Entwicklungen ab, welche die Finanzierung von Vereinen zu einer besonderen Herausforderung machen:

- Öffentliche Kassen von der Bundesebene über die Bundesländer bis zu den Kommunen stehen vor der Herausforderung zu sparen, auch Vereine bleiben davon nicht unberührt.
- Kleinere Gewerbe- und Handelsbetriebe verschwinden aus Innenstädten oder dem ländlichen Raum, sie waren und sind oft ein wichtiger Partner für örtliche Vereine.
- Größere und große Wirtschaftsunternehmen fahren Sparkurse und stellen dabei alle Ausgabenpositionen auf den Prüfstand, auch Spenden, Sponsoring und Corporate-Social-Responsibility(CSR)-Projekte.
- Die Menschen vor Ort müssen mit Preissteigerungen zurechtkommen und genauer auf ihre Ausgaben schauen.

- Genauso haben auch die Vereine mit steigenden Preisen und höheren Kosten z. B. bei der Bezahlung von Mitarbeiter:innen oder von Energie zu kämpfen.

Auf der anderen Seite stehen die Rahmenbedingungen der Vereine und ihre finanzielle Sicherheit:

- Die finanzielle Stabilität ist für die Existenz- und Zukunftsfähigkeit von Vereinen ausschlaggebend, genau wie für Unternehmen und andere Organisationen.
- Mitgliedsbeiträge sind die Basis, aber für viele Vereine reichen sie schon lange nicht mehr, um den Vereinsbetrieb zu sichern. Zuwendungen für den Vereinsbetrieb oder Projekte, Fundraising, die Erwirtschaftung von Einnahmen auch durch Sponsoring sind weitere Finanzquellen.
- Jede Finanzierungsform hat ihre speziellen Bedingungen für die erfolgreiche Beschaffung und Nutzung.
- Neben der Einhaltung von (steuer)rechtlichen Regeln sind für die Beschaffung von Finanzmitteln und die Bewirtschaftung spezielle Kompetenzen erforderlich.
- Zudem muss die Steuerung des finanziellen Geschehens im Verein gelingen, um keine finanziellen Mittel zu vergeuden und nicht Misswirtschaft zu betreiben und letztlich in die Insolvenz zu geraten.

Unter Berücksichtigung dieser Rahmenbedingungen wurde das vorliegende Buch zusammengestellt – es soll so hilfreich wie möglich für die Vereinsarbeit sein und kann in unterschiedlichen Formen genutzt werden:

- Das Buch eignet sich als Nachschlagewerk, wenn es darum geht, sich über spezielle Themenbereiche der Vereinsfinanzen zu informieren.
- Es kann zum »Schmökern« genutzt werden, also für einen eher ungezielten Blick, um Anregungen für die Möglichkeiten zur Finanzierung der Vereinsarbeit zu gewinnen.
- Und es kann komplett durchgelesen werden, um sich grundlegend mit dem Thema Verein und Finanzen als Führungsaufgabe vertraut zu machen.

Auf jeden Fall wünschen wir allen Leser:innen viel Erfolg für die Arbeit im Verein.

Salzgitter/Sickte, März 2024

Ronald Wadsack, Gabriele Wach

1 Elemente und Aufbau des Buches

1.1 Wer uns beim Thema »Vereinsfinanzierung« durch das Buch begleitet

Um die verschiedenen Blickwinkel und die Unterschiedlichkeit von Vereinen immer wieder in den Blick zu rücken, kommen im Buch immer wieder zwei Vereinsvertreterinnen und zwei Vereinsvertreter zu Wort. Sie begleiten uns durch diesen Band.

»Vereinsfinanzierung« hieß der Workshop einer regionalen Akademie. Dort haben sich unsere fiktiven Vereinsvertreter:innen vor einigen Monaten getroffen und bei der Gelegenheit festgestellt, dass sie sich alle mit dem Thema »Finanzen« befassen. Und alle waren sich einig: Das ist kein einfaches Thema!

Wir stellen Ihnen die Vereinsvertreter:innen vor:

- **Dilara:** Geschäftsführerin in einem Sportverein mit mehreren Sportarten im Angebot, 1.254 Mitglieder. Der Verein hat insgesamt sieben Abteilungen.
- **Konrad:** Vorsitzender in einem Gesangsverein, 153 Mitglieder, verschiedene Gruppen nach Alter und Musikrichtung. Es gibt ein eigenes kleines Vereinsheim, v. a. für die Übungsstunden.
- **Jan:** Vorsitzender eines Vereins für die örtliche Kinder- und Jugendarbeit mit Schwerpunkt Integration, 73 Mitglieder und viele betreute Kinder und Jugendliche ohne Mitgliedschaft.
- **Laura:** Stellvertretende Vorsitzende eines Naturschutzvereins, 285 Mitglieder. Bildung für unterschiedliche Zielgruppen ist der Kern der Arbeit. Dem Verein gehört eine einfache Hütte in einem Naturschutzgebiet für Workshops, Fortbildungen und andere Vereinstreffen.

Aus der Praxis unserer Vereinsvertreter:innen

Jan: Hallo zusammen! Schön, dass wir uns nach so langer Zeit wieder einmal treffen. Wir haben bei uns angefangen, die IT-Infrastruktur zu erweitern. Es läuft ganz gut. Wie sieht es denn so bei euch aus?

Dilara: Ja, bei uns läuft es eigentlich auch ganz gut. Aber unser Vorstand macht sich Sorgen über die finanziellen Belastungen. Da müssen wir wohl unsere Einnahmemöglichkeiten und die verschiedenen Finanzquellen genauer auf Steigerungsmöglichkeiten überprüfen. Vielleicht müssen wir sogar über eine Beitragserhöhung nachdenken. Gleichzeitig schauen wir kritisch auf unsere Kosten für den Vereinsbetrieb, um möglicherweise ein wenig einzusparen. Das Geld liegt ja nicht auf der Straße – überall wird gespart.

Konrad: Bei uns machen sich auch schon erste Preissteigerungen bemerkbar. Allein die Kosten für die Energie. Das schlägt sogar in unserem kleinen Vereinsheim so richtig zu Buche, auch wenn wir schon einiges an Einsparmaßnahmen beschlossen haben.

Laura: Da können wir uns momentan relativ beruhigt zurücklehnen. Wir werden seit Jahrzehnten von einem engagierten Ehepaar mit größeren Spenden bedacht. Und weil wir das Geld ordentlich verwendet und nicht verjubelt haben, wollen sie uns im Testament berücksichtigen. Unsere Vereinshütte ist nicht beheizt, deshalb trifft uns das Energiethema nicht ganz so arg.

Jan: Einen Verein im Testament zu berücksichtigen erfordert sicher ein ganz besonderes Vertrauensverhältnis zwischen dem Spender und dem Verein. Bei uns ist das nicht so einfach. Als kleiner Verein steht uns immer mal wieder finanziell das Wasser bis zum Hals. Wir hangeln uns mit einer ganzen Reihe von Projektanträgen und den Geldern daraus über die Zeit. Der Aufwand dafür ist aber enorm!

1.2 Der Aufbau des Buches

Der Aufbau dieses Buches zielt darauf ab, das Augenmerk auf die Finanzen im Verein zu lenken, auch wenn den Mitgliedern eines Vereins andere Themen vermutlich mehr am Herzen liegen, weil das Vereinsziel doch eher auf gesellschaftliche Themen gerichtet ist. In unserer Gesellschaft ist die Lebensfähigkeit von Organisationen ganz eng mit dem Thema und vor allem dem Vorhandensein von Geld verbunden. Kreativität bei der Ausschöpfung von Finanzierungsmöglichkeiten, sparsamer Umgang mit den verfügbaren Finanzen und damit auch ein Beitrag zur ökonomischen Nachhaltigkeit sind einige wichtige Punkte. Letztendlich geht es darum, die Leistungsfähigkeit des Vereins in seinem Tätigkeitsfeld abzusichern, aber auch Hinweise zu erhalten, wenn diese Lebensfähigkeit in Gefahr gerät, um möglichst frühzeitig gegenzusteuern.

Auf den Punkt

Ausreichendes Geld ist in unserer Gesellschaft der Schlüssel für die Lebensfähigkeit von Vereinen.

Tabelle 1 enthält eine knappe Übersicht zu den einzelnen Kapiteln des vorliegenden Buches. Ohne ein Grundverständnis der Vereinsfinanzen gelingt die Übertragung auf die Vereinsarbeit nicht (Kapitel 2). Mit diesem Wissen kann man genauer hinschauen, welche Möglichkeiten für den eigenen Verein bestehen.

Kapitel 1 Elemente und Aufbau des Buches	Kapitel 2 Ein erster Einblick: Geldströme im Verein	Kapitel 3 Finanzmanagement im Verein – das Handwerkszeug
Welche Finanzaspekte für Vereine werden in diesem Band angesprochen?	Welche grundlegenden Zusammenhänge bestehen zwischen der Vereinsarbeit und den Finanzen?	Welche Instrumente des Finanzmanagements sind für Vereine wichtig?
Kapitel 4 Einnahmen – die (trügerische) Hoffnung auf den Goldesel?	**Kapitel 5** Ausgaben – der finanzielle Antrieb für den Verein	**Kapitel 6** Anhang
Welche Einnahmemöglichkeiten für Vereine bestehen und wie kann man sie erschließen?	Welche typischen Ausgabepositionen gibt es für Vereine und worauf ist zu achten?	Ergänzungen und Vertiefungen zu den einzelnen Inhalten des Buches.
Kapitel 7 Literatur		
Liste der im Buch genutzten Quellen		

Tab. 1: Übersicht zu den Kapiteln des Handbuchs »Vereinsfinanzierung«

Die einzelnen Beiträge werden immer wieder durch Arbeitshilfen ergänzt, die unmittelbar in der Vereinsarbeit eingesetzt werden können. Sie finden die Arbeitshilfen auch auf dem Online-Portal.

Nicht nur unsere vier Begleiter:innen in diesem Buch zeigen, mit welch unterschiedlichen Vereinen man es zu tun haben kann. Es gibt ja noch viel mehr, wenn man etwa an die Freiwillige Feuerwehr, Wohlfahrtsverbände, Tafel-Vereine oder Hilfsvereine für soziale Fragen denkt. Und auch diese Aufzählung ist wiederum nur eine kleine Auswahl. Immerhin gab es nach Angaben der Organisation »Zivilgesellschaft in Zahlen« (ZiviZ; Schubert u. a. 2022) mehr als 615.000 eingetragene Vereine in Deutschland. Sieht man sich die Vereinslandschaft an, können zwei grundlegende Vereinstypen unterschieden werden:

- Vereine mit Leistungen in erster Linie für die eigenen Mitglieder (z. B. Sportvereine)
- Vereine mit Leistungen in erster Linie für externe Leistungsempfänger:innen, wie Nutzer, Kundinnen, Gäste (z. B. Tafel-Vereine)

In der Praxis finden sich selbstverständlich Mischformen, wenn z. B. ein v. a. auf Mitglieder ausgerichteter Verein zusätzlich Kurse für Nichtmitglieder gegen Bezahlung anbietet. Die entsprechende Ausrichtung des Vereins hat dann auch Auswirkungen auf die jeweiligen Finanzierungsmöglichkeiten und -bedürfnisse.

Häufig gelten das Finden und Nutzen neuer Finanzquellen als Königsdisziplin. Wir starten jedoch mit einem für Vereine geeigneten Handwerkszeug für die Vereinsfinanzen (Kapitel 3). Darin geht es z. B. um Finanzplanung, Budgetierung, Liquiditätsmanagement und die Kostenanalyse. Aber auch das Risiko- und Krisenmanagement muss angesprochen werden. Es nützt ja wenig, wenn man immer neues Geld für den Verein heranschafft, dies aber anschließend nicht vernünftig bewirtschaftet wird.

Die Vielzahl der möglichen Einnahmequellen (Kapitel 4) erfordert eine gute Systematik bei der Auswahl der Formen, die zum eigenen Verein und der Finanzierungsaufgabe passen. Die Formen unterscheiden sich auch durch die Vorgehensweise, wenn man sie in Anspruch nehmen will. Entsprechend sind auch die wesentlichen Ausgabemöglichkeiten näher zu betrachten (Kapitel 5).

Kapitel 6 schließlich enthält als Anhang ergänzende Instrumente und Vertiefungen, die für einzelne Vereine wichtig werden können.

Die in diesem Buch verwendeten Quellen sind in Kapitel 7 ausführlich zitiert, damit Sie bei Bedarf darauf zugreifen können.

Die spezifischen Anforderungen im Vereinsbereich richten sich selbstverständlich nach den steuerlichen und sonstigen rechtlichen Besonderheiten, die – insbesondere im Rahmen der Gemeinnützigkeit – beachtet werden müssen. Weitere rechtliche Regelungen, z. B. zu Satzungsregelungen, zur Beteiligung der Mitglieder per Abstimmung und zur Rechnungslegung, können hinzukommen. Die rechtlichen Bedingungen werden hier nicht weiter betrachtet, da es dazu bereits umfangreiche Informationsquellen gibt. Viele Hinweise enthält z. B. die Loseblatt-Sammlung »Der Verein« (Geckle o. J.). Nur an einzelnen Stellen haben wir entsprechende Hinweise aufgenommen.

Lesetipps:

- Leser:innen, die mit dem Thema Finanzierung starten, beginnen mit dem ersten Einblick ab Kapitel 2.
- Leser:innen, welche die Grundlagen der Finanzierung schon kennen und sich zunächst für das Handwerkszeug interessieren, beginnen mit Kapitel 3.
- Leser:innen, die an den konkreten Ansatzpunkten für Einnahmen und Ausgaben interessiert sind, starten mit den Kapiteln 4 und 5.

Natürlich können Sie jederzeit zurückblättern, wenn die Darstellungen in den Kapiteln zu Nachfragen führen.

2 Ein erster Einblick: Geldströme im Verein

Aus der Praxis unserer Vereinsvertreter:innen

Telefonat zwischen *Jan* und *Konrad*:

Jan: Hallo Konrad, wie geht es dir? Ich habe da mal eine Frage.

Konrad: Hallo Jan, soweit alles okay. Wo drückt der Schuh?

Jan: Bei uns steht demnächst die Mitgliederversammlung mit Neuwahlen an. Der Vorstand hat mich gefragt, ob ich das Amt des Schatzmeisters übernehmen könnte. Da bin ich dann doch unsicher, ob ich das hinbekomme. Gesunden Menschenverstand habe ich ja, aber … die Finanzlage in unserem Verein scheint eher auf Kante genäht zu sein, soweit ich das im Moment sehen kann.

Konrad: Du meinst, du hast ein komisches Gefühl dabei? Vielleicht solltest du erst einmal eine Bestandsaufnahme machen. Wo gibt es bei euch denn Unklarheiten?

Jan: Na ja, so genau weiß ich das nicht. Aber allein schon die vielen mündlichen Absprachen, vor allem bei Zusagen für finanzielle Unterstützungen. Und auch der Umgang mit ausstehenden Beiträgen. Ich habe keine Lust, als der Mensch in die Vereinsgeschichte einzugehen, der die Insolvenz beantragt.

Konrad: Das kann ich verstehen. Zuerst solltest du genau schauen, wie der Stand der Dinge ist. Dazu sind sicherlich einige Gespräche notwendig. Ich wünsche dir viel Erfolg dabei.

2.1 »Geld regiert die Welt« – und auch den Verein

Es ist eigentlich ganz einfach: Kann ein Verein seine Rechnungen nicht mehr bezahlen, hat er ein echtes Problem. Genau wie bei großen Unternehmen oder Privatmenschen kann am Ende die Insolvenz stehen. Die Liquidität bzw. Zahlungsfähigkeit ist das zentrale Überlebenskriterium in unserer Gesellschaft. Es geht also in erster Linie um die Beschaffung von Finanzmitteln und die gute Bewirtschaftung. Da Vereine aber in vielen Fällen als Nonprofit-Organisationen arbeiten und damit an erster Stelle ein Sachziel und kein Finanzziel (Gewinn, Rendite) verfolgen, ist das Umgehen mit den Finanzen speziell.

Wirtschaftsunternehmen streben mit dem Absatz ihrer Produkte und Dienstleistungen nach Gewinn – finanzielle Maßstäbe sind letztlich leitend für die Entscheidungen. Ein Gesangsverein strebt in erster Linie danach, Angebote für seine Mitglieder auf die Beine zu stellen, künstlerische Leistungen zu ermöglichen und keinen Verlust zu produzieren. Entscheidungsgrundlage ist also das inhaltliche Angebot. Hier muss geschaut werden, wie dafür die Finanzen zusammenkommen.

Auf den Punkt

Hauptorientierung des Vereins ist die Arbeit in Richtung auf ein Sachziel. Das ist meist kein wirtschaftliches Ziel. Dennoch muss die Kasse stimmen.

Hinzu kommt, dass viele Vereine in hohem Maße auf freiwillige und unentgeltliche ehrenamtliche Mitarbeit angewiesen sind. Ein Thema, das sich in den Finanzen auf den ersten Blick nur in sehr geringem Umfang niederschlägt, aber – neben den Mitgliedsbeiträgen – die zweite Lebensgrundlage vieler Vereine ist. Bei den Ausgaben fällt vielleicht eine Ehrenamtspauschale an, Reisekosten oder Kosten für Aus- und Fortbildungsmaßnahmen. Demgegenüber steht der Einsatz persönlicher Lebenszeit und Kompetenz, der in einer solchen Finanzbetrachtung höchstens indirekt, als eingesparte Bezahlung von Mitarbeiter:innen, vorkommen könnte. Leider ist der Begriff des »Ehrenamts« in Bezug auf die Bezahlung heute vielfach verwässert, denn eine Erstattung von realen Auslagen oder die Zahlung der Ehrenamtspauschale sind möglich. Für dieses Buch gelten alle Mitarbeiter:innen ab einem Minijob bzw. Honorarkräfte als bezahlte Kräfte. Das ist auch nicht schlimm. Wo ein Verein funktionieren soll und unentgeltliches Engagement fehlt, muss bezahlte Mitarbeit zum Einsatz kommen.

Wie schon kurz angesprochen wirken viele Einflüsse, sowohl von außen als auch von innen, auf die Rahmenbedingungen der Vereinsfinanzierung ein (Abbildung 1).

Abb. 1: Einflüsse auf die Vereinsfinanzierung (Grafik: Wach)

Da sind zum Beispiel die öffentlichen Kassen der Länder und Kommunen, die ihrerseits seit Jahren sparen müssen. Auch die Wirtschaftspartner der Vereine verlängern Verträge in manchen Fällen nicht oder sie kommen Zahlungsversprechen nicht mehr oder nur verspätet nach.

Auf der anderen Seite fehlen den Vereinen z. B. aufgrund der demografischen Entwicklung oder einer nachlassenden Attraktivität des Vereinsprogramms neue zahlungsbereite Mitglieder. Erschwerend kommt hinzu, dass die Bereitschaft, sich ehrenamtlich bzw. freiwillig zu engagieren, abnimmt. Das bedeutet: Der Verein muss im Zweifelsfall über bezahlte Mitarbeit oder bei Dienstleistern Leistungen gegen Entgelt zukaufen.

In dieser mit einigen Unsicherheiten gespickten Situation hat die Vereinsführung aufmerksam und mit der notwendigen Vorsicht die finanziellen Belange des Vereins zu steuern. Das ist nicht immer einfach und verlangt eine genaue Abschätzung der aktuellen Lage und der Möglichkeiten der zukünftigen Entwicklung. Insofern ist das Finanzthema in den Vereinen mit der Vereinsstrategie und der daran gekoppelten Zukunftsfähigkeit verbunden. Dabei hilft ein systematisches Bild des eigenen Vereins, aus dem die wesentlichen Punkte für das Funktionieren ersichtlich sind.

2.2 Vereinsressourcen – die Grundlagen der Vereinsexistenz

Unabhängig von der Art und den Themenbereichen eines Vereins gibt es eine gleichbleibende Grundsystematik. Die Vereinsressourcen bilden die Lebensgrundlagen eines Vereins (Abbildung 2). Finanzmittel sind zwar eine eigenständige Kategorie, der Finanzbedarf und der Zugang zu einzelnen Finanzquellen sind aber eng mit den anderen Ressourcen verbunden.

2.2.1 Grundkonzept der Vereinsressourcen

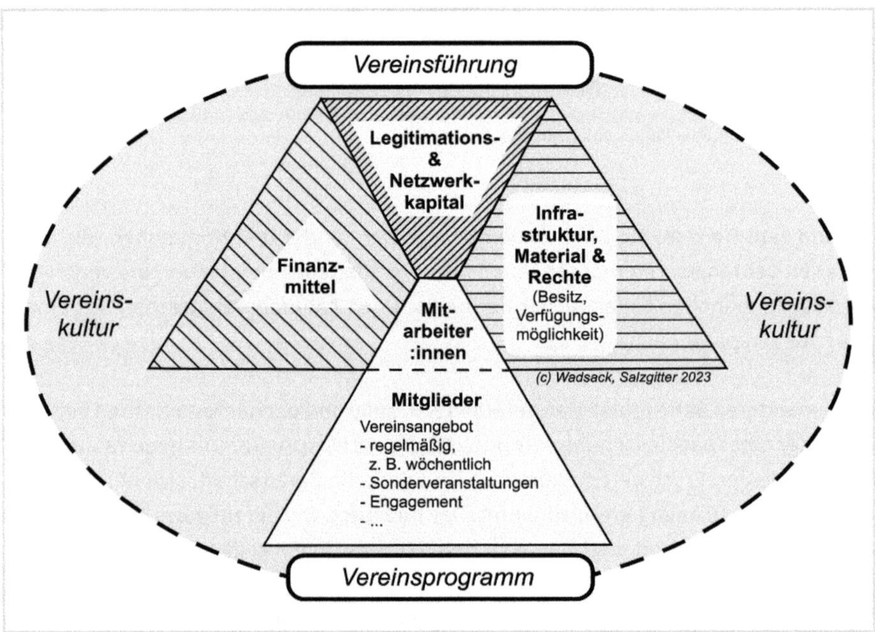

Abb. 2: Ressourcenmodell für Vereine (Quelle: Wadsack)

In Abbildung 2 sind drei wesentliche Bereiche zu unterscheiden:

- **Bereich 1:** Die eigentlichen Vereinsressourcen innerhalb des Ovals, dargestellt als Dreiecke bzw. Trapeze.
- **Bereich 2:** Hinzu kommt die Vereinskultur als Ausdruck für alles, wofür der Verein steht: Ziele bzw. Themen des Vereins, der persönlichen Umgang miteinander, seine Geschichte und Tradition. Die Vereinskultur ändert sich mit der Zeit, durchdringt alle anderen Bereiche und bildet die Grundlage für die Mitgliederbindung.
- **Bereich 3:** Die Vereinsführung ist nicht nur eine rechtliche Instanz, sondern muss vor allem mit ihrer inhaltlichen und zukunftsorientierten Arbeit für die Fortexistenz des Vereins überzeugen – selbstverständlich auf der Basis der Entscheidungen der Mitgliederversammlung. Der strategische Auftrag ist also die Sicherung

oder sogar der Ausbau der für die Vereinsarbeit notwendigen Ressourcen. Die aktuelle inhaltliche Arbeit zeigt dann das Vereinsprogramm.

Die Vereinsführung hat, neben der grundsätzlichen Aufgabe der strategischen Planung, die Sicherung und Entwicklung der Vereinsressourcen als wichtige Herausforderungen zu meistern. Um die finanzielle Lebensfähigkeit des Vereins zu sichern, muss sie

- die finanzielle Planung und Kontrolle des Vereinshaushalts verantworten,
- sich um die Beschaffung von finanziellen Ressourcen kümmern,
- die Beschaffung von Sachmitteln unterstützen sowie
- die Akquise von Spenden und Sponsoring fördern.

Die Rolle der Vereinsführung variiert je nach Größe und Art des Vereins. In kleineren Vereinen übernimmt normalerweise der Vorstand die Führungsaufgaben. In großen Vereinen wird i. d. R. ein hauptamtlicher Geschäftsführer oder eine Geschäftsführerin eingesetzt.

Auf den Punkt

Im Rahmen ihrer Aufgabe zur strategischen Vereinsentwicklung und Sicherung der Zukunftsfähigkeit spielt der Bereich Finanzen eine sehr zentrale Rolle.

Das Vereinsprogramm hat eine wichtige Stellung. Die Leistungen des Vereins sind entweder nur für die Mitglieder gedacht oder auch für Personen außerhalb des Vereins. Mischformen sind in der Praxis ebenfalls zu finden, wenn z. B. neben den auf Mitglieder beschränkten Angeboten Kurse für Nichtmitglieder existieren oder Auftritte für ein Publikum gegen Entgelt zum Vereinsprogramm gehören.

Die einzelnen Ressourcen werden im Folgenden genauer erläutert und erste Verbindungen zur Finanzierungsthematik hergestellt.

2.2.2 Finanzmittel

Von seinem Grundgedanken her sollte der Verein in der Lage sein, seine Aktivitäten durch die eingebrachten Ressourcen seiner Mitglieder (Beiträge, Spenden, Engagement) durchzuführen. Aus verschiedenen Gründen hat sich die finanzielle Aufstellung von Vereinen im Lauf der Zeit verändert. Subventionierungen aus öffentlichen Kassen, Fundraising einschließlich Mäzenatentum oder der Verkauf von Rechten und Leistungen sind hinzugekommen. Die Möglichkeit, entsprechende Finanzquellen zu nutzen, ist eng mit dem Aufgabengebiet und dem öffentlichen Auftreten eines Vereins verbunden. Das wird in den folgenden Kapiteln dieses Buches sehr deutlich werden.

2.2.3 Infrastruktur, Material und Rechte

Für die Vereinsarbeit werden meist unterschiedliche Räumlichkeiten und Materialien benötigt. Das könnte zum Beispiel ein Aufenthaltsraum mit einer Küchenzeile für Besprechungen oder ein gemeinsames Frühstück in der Gruppe sein. Hinzu kommen unterschiedliche Materialien wie Malutensilien, Musikinstrumente, ein Beamer, um nur ein paar Beispiele aufzuzählen. Beim Einsatz von Musik für die Vereinsarbeit kann z. B. die Nutzung unter Lizenzbedingungen stehen (z. B. GEMA-Gebühren) – das wären dann erforderliche Rechte. Manchmal sind einzelne Konzepte, welche in der Vereinsarbeit verwendet werden, lizenzpflichtig. Im Sport gilt das zum Beispiel für bestimmte Fitnessangebote. In Zeiten der Digitalisierung sind weitere Rechte erforderlich, sei es zur Nutzung einer bestimmten Software oder für die Inanspruchnahme von Cloud- oder Streamingdiensten.

Auf den Punkt

Es ist wichtig, bei der Nutzung von z. B. gewerblichen Fotos und Bildern, Grafiken, Kartenmaterial oder eben auch Angebotskonzepten die Rechtesituation im Blick zu behalten. Eine Abmahnung mit Strafzahlung wird u. U. teuer.

Und letztlich fallen in den Bereich der Rechte auch die Nutzungsrechte für Räumlichkeiten, sofern diese nicht dem Verein selbst gehören. Dabei ist es unerheblich, ob diese angemietet werden oder kostenfrei zur Verfügung stehen.

2.2.4 Mitglieder

Mitglieder sind der Grund, warum ein Verein existiert. Die Zahlen sind enorm unterschiedlich und können von weniger als zehn bis in die Zehntausende reichen, vom ADAC und anderen Großorganisationen mit Millionen von Mitgliedern einmal abgesehen. In diesem Buch zur Vereinsfinanzierung soll es aber v. a. um die lokalen bzw. regionalen Vereine vor Ort gehen.

Ausgangspunkt für die Mitgliedschaft sind die Interessen der einzelnen Menschen für die eigene Freizeitgestaltung (z. B. Sport-, Musik-, Theaterverein) und ggf. für das Aufgreifen gesellschaftlicher Belange für Leistungsempfänger:innen außerhalb des Vereins (z. B. Freiwillige Feuerwehr, Tafelverein, Naturschutzverein). Diese Anliegen sind der Dreh- und Angelpunkt der Vereinsarbeit. Grundlegend für die Mitgliedschaft ist also das Vereinsprogramm und inwieweit es von Menschen als attraktiv betrachtet wird. Je nach Programm und Aufstellung des Vereins sind, wie schon angesprochen, Mischungen zu finden oder das Interesse der Menschen kann sich auch nur auf einen Ausschnitt des Vereinsangebots beziehen.

Die Vereinsmitglieder können nach Alter, Aktivitätsbereich im Verein oder ihrem Mitgliedschaftsstatus (z. B. Ehrenmitglied) unterschieden werden. Aus der Mitgliedschaft leitet sich die Pflicht zur Beitragszahlung ab, wie sie typisch in der Satzung und einer Beitragsordnung niedergelegt ist.

2.2.5 Mitarbeiter:innen

Zur Beitragszahlung hinzu kommt möglicherweise ein unentgeltliches Engagement der Mitglieder im Rahmen der Vereinsarbeit. Durch ihre Aktivitäten prägen Vereinsmitglieder wesentlich das Bild des Vereins und seine Kultur. Ohne diese Mitarbeiter:innen wären viele Vereine nicht lebensfähig und Vereinsangebote nicht möglich. Nach dem Deutschen Freiwilligensurvey waren 2019 knapp 40 Prozent der Bevölkerung über 14 Jahre in irgendeiner Form engagiert, davon wiederum etwa die Hälfte in Vereinen. Das Engagement kann nach dieser Untersuchung in vielen Varianten in Erscheinung treten. (Vgl. Karnick u. a. 2021, S. 161)

Unbezahlte Mitarbeiter:innen kommen in vielen Fällen aus dem Mitgliederbereich. Sie besetzen in der Regel auch die Wahlämter der Vereinsführung. Teils gibt es im Umfeld von Vereinen darüber hinaus hilfsbereite Menschen, die für verschiedene Aufgaben und für kurze oder längere Zeit zur Verfügung stehen.

Auf den Punkt

Eine gute Situation bei den unentgeltlich/ehrenamtlich tätigen Mitarbeiter:innen ist eine Entlastung für die Vereinsfinanzen.

Insofern ist die Fähigkeit eines Vereins, solch freiwilliges Engagement zu aktivieren, eine wichtige Ressource, um die finanzielle Belastung, sei es der Mitglieder oder der Öffentlichkeit durch entsprechende Subventionierung, zu vermindern. Die neueste ZiviZ-Studie (ZiviZ: Zivilgesellschaft in Zahlen im Stifterverband) zeigt, dass die Entwicklung des Engagements in den verschiedenen Themenfeldern der Vereinsarbeit sehr unterschiedlich ist. Während Sportvereine deutliche Verluste an Engagement zu verzeichnen haben, weisen Umwelt, Bevölkerungsschutz und weitere gesellschaftsorientierte Bereiche Zuwächse auf. (Vgl. Schubert u. a. 2023, S. 3)

Hinzu kommen bei vielen Vereinen verschiedene Varianten der bezahlten Mitarbeit – von Minijober:innen über Teilzeitkräfte bis hin zu Vollzeitmitarbeitenden. Ebenso können Honorarkräfte zum Einsatz kommen.

2.2.6 Legitimations- und Netzwerkkapital

Aus der Vereinspraxis heraus wurden mit der Legitimation (vgl. Wadsack & Wach 2019) bzw. dem Legitimationskapital und dem Netzwerkkapital zwei immaterielle Grundlagen der Lebensfähigkeit von Vereinen identifiziert.

Das **Legitimationskapital** eines Vereins beruht auf seinen gesellschaftlich relevanten Leistungen für den jeweiligen Wirkungsbereich. Einen entsprechenden Hinweis gibt die Abgabenordnung als Einleitung zu den gemeinnützigen Zwecken (§ 52 AO): »Eine Körperschaft verfolgt gemeinnützige Zwecke, wenn ihre Tätigkeit darauf gerichtet ist, die Allgemeinheit auf materiellem, geistigem oder sittlichem Gebiet selbstlos zu fördern.«

Die Umsetzung dieser Aufgabe kann lokal, regional oder überregional, vielleicht sogar international sein. Die Vereinsarbeit soll ja im Normalfall eine gesellschaftliche Bedeutung haben. Dies drückt sich in der Aktualität der Vereinsarbeit in der Verbindung mit gesellschaftlichen Bedürfnissen aus.

Tipp

Tafelvereine leisten beispielsweise durch die Versorgung bedürftiger Menschen mit Lebensmitteln einen sehr wesentlichen Beitrag für die Gesellschaft vor Ort.

Damit legitimiert sich der Verein als gesellschaftlich bedeutsame Organisation. Entsprechend den Veränderungen in der Gesellschaft kann auch die Bedeutung der Vereinsarbeit zu- bzw. abnehmen. Möglicherweise bedarf es sogar der Neuausrichtung des Vereins, wenn er nicht in der Bedeutungslosigkeit versinken möchte.

Auf den Punkt

Die gesellschaftliche Bedeutung des Vereins ist eine wichtige Begründung für seine Unterstützung z. B. durch die Kommune oder Wirtschaftspartner.

Wichtig ist, dass die gesellschaftliche Bedeutung konkret wird. Pauschale Aussagen wie »Wir holen die Kinder von der Straße« oder »Wir leisten einen wichtigen Beitrag zur Integration« mögen richtig sein. Erst durch die Unterfütterung mit Zahlen, Daten und Fakten sowie konkreten Maßnahmen erhalten sie eine gute Aussagekraft.

Das **Netzwerkkapital** steht für die persönlichen Verbindungen der Vereinsvertreter:innen zu Organisationen und Menschen, die für die Vereinsarbeit bedeutend sind oder sein können. Das sind z. B. Vertreter:innen aus der Wirtschaft, der Politik oder der Verwaltung. Vereinsbezogen sind Verbindungen zum Dachverband bzw. seinen Gliederungen auf Landes- oder regionaler Ebene ebenfalls wichtig. Je nach Tätigkeitsgebiet des Vereins können weitere Kontakte zu potenziellen Kooperationspartnern hinzukommen.

Auf den Punkt

Kontaktaufbau und -pflege kann sehr positiv auf die Vereinsfinanzen wirken!

Gerade aus diesen persönlichen Verbindungen können sich wichtige finanzwirksame Folgen ergeben: das Gewinnen von Unterstützern, Tipps für Sparmöglichkeiten oder Finanzquellen sowie Kooperationen, um das Vereinsangebot attraktiver zu machen. Einladungen zu Vereinsveranstaltungen können eine gute Gelegenheit für die Kontaktpflege sein.

2.3 Vereinsressourcen und Finanzen

Wie schon angesprochen, stehen die Vereinsfinanzen nicht für sich allein. Sie sind in unterschiedlichem Maß mit den anderen Ressourcen verbunden (Tabelle 2). Es ist wichtig, die Geldströme in einem Verein nachvollziehen zu können und im Blick zu haben.

Vereinsressource	Bezug zu Finanzen (Beispiele)
Mitglieder	• Beiträge, ggf. Umlagen • Spenden • Engagement (Mitarbeit) • Kosten für die Vereinsangebote (z. B. Miete, Verbrauchsmaterial, Mitarbeiter:inneneinsatz) • …
Mitarbeiter:innen	• Lohn, Gehalt, Honorar • ggf. Sozialversicherung und weitere Versicherungen • Ehrenamtspauschale • Kosten für die Arbeitserledigung (z. B. Kleidung, Fahrtkosten, Arbeitsmaterial) • Aus- und Fortbildung • …
Infrastruktur, Material und Rechte	• Miete, Energiekosten • Eigentum: Energiekosten, Unterhaltungsinvestitionen, Reinigungskosten • Lizenzen (z. B. Software, spezifische Angebote, GEMA) • Geräte für die Vereinsarbeit • …
Legitimationskapital	• Argumentationsgrundlage für das Einwerben von finanzieller Unterstützung
Netzwerkkapital	• Kontaktnetzwerk mit regelmäßiger Pflege und ggf. Aufbau einer Basis der Bekanntheit, Vertrauen • Ausgangspunkt für Unterstützungsansprache • ggf. Kosten für Kongressteilnahmen, Einladungen für Netzwerkpartner (Ehrengäste) im Rahmen von Vereinsveranstaltungen

Tab. 2: Übersicht zu der Verbindung der Vereinsressourcen mit den Finanzen (Beispiele)

Aus dieser Übersicht lässt sich eine Arbeitshilfe für den eigenen Verein ableiten (Arbeitshilfe 1), um einen genaueren Blick auf die Zusammenhänge der Ressourcen mit dem Finanzbereich zu bekommen.

DIGITALE EXTRAS

Vereinsressource	Fragen als Ausgangspunkte	Welche Verbindungen bestehen für unseren Verein zu den Vereinsfinanzen?
Mitglieder	• Wodurch leisten die Mitglieder Finanzierungsbeiträge? • Wodurch entstehen Kosten für die Mitglieder?	
Nichtmitglieder (z. B. Kurse)	• Wodurch leisten die Nichtmitglieder Finanzierungsbeiträge? • Wodurch entstehen Kosten für die Nichtmitglieder?	
Mitarbeiter:innen	• Wodurch entstehen Kosten für die Mitarbeiter:innen des Vereins? • Wodurch entstehen Kosten für den Einsatz von Dienstleistern im Verein?	
Infrastruktur, Material und Rechte	• Wodurch entstehen Kosten für die Vereinsinfrastruktur? • Wodurch entstehen Finanzierungsbeiträge durch die Vereinsinfrastruktur (z. B. Vermietung)? • Wodurch entstehen Kosten für Materialien im Vereinsbetrieb? • Wodurch entstehen Kosten für Rechte im Vereinsbetrieb?	
Legitimationskapital	• Wodurch entstehen Finanzierungsbeiträge aus der gesellschaftlichen Bedeutung des Vereins?	
Netzwerkkapital	• Wodurch entstehen Finanzierungsbeiträge durch die Netzwerkarbeit des Vereins? • Wodurch entstehen Kosten für die Netzwerkarbeit im Verein?	

Arbeitshilfe 1: Erkennen der grundlegenden Finanzwirkung der Vereinsressourcen

Wenn diese Arbeitshilfe 1 z. B. in einer gemeinsamen Sitzung des Vorstandes erarbeitet wird, vermittelt sie einen ersten Eindruck von den Verflechtungen des Finanzthemas im Verein.

Tipp

Eine solche Liste kann man auch nutzen, wenn man mit neuen Mitarbeiter:innen oder Interessent:innen den Verein ein wenig näher kennenlernen möchte.

2.4 Finanzströme im Verein – eine erste Übersicht

Es wurde schon angesprochen: Es gibt sehr unterschiedliche Möglichkeiten, Finanzquellen durch den Verein zu erschließen. Diese werden ja nicht zum Selbstzweck eingeworben, sondern dienen dazu, die eigentlichen Ziele des Vereins zu verwirklichen: für Mitglieder und Leistungsempfänger:innen. Einen Überblick gibt Abbildung 3.

Einnahmemöglichkeiten

- Mitgliedsbeiträge
- Kursgebühren und Leistungen für Mitglieder/Nicht-Mitglieder gegen Entgelt
- Zuschüsse aus der Förderung des Bundes, der Länder und der Kommunen
- Zuschüsse der Verbände
- Fundraising, Spenden
- Veranstaltungen (Zuschauereinnahmen, Preisgelder etc.)
- Leistungen aus Vermietung/Verpachtung vereinseigener Anlagen
- Einnahmen aus dem Verkauf von Speisen und Getränken, z. B. bei Veranstaltungen oder auf Weihnachtsmärkten
- gesellige Veranstaltungen, z. B. Vereinsball, Karnevalsveranstaltung
- selbstbetriebene Gaststätten
- Werbeeinnahmen (Bandenwerbung, Fremdwerbung auf der Webseite des Vereins), Sponsoring
- Kapitalerträge, Zinsen
- Kreditaufnahme
- ...

Verein

Buchhaltung
Finanzplanung
Budgetierung
Liquiditätsplanung
Kostenrechnung
Controlling
Risikomanagement

Mögliche Ausgabenbereiche

- Mitarbeiter:innen, v. a. bezahlt
- regelmäßige Aufwandsentschädigungen
- Aus- und Fortbildung
- Laufende Kosten des Vereinsbetriebs (z. B. Reisekosten, Fahrten, Lizenzen, ...)
- Verbandsabgaben
- Materialien und Geräte für den Vereinsbetrieb (z. B. Computer, Software, Updates, ...)
- Vereinsverwaltung (z. B. Kommunikation, Internet, Telefon, ...)
- Vereinsanlagen (Gebäude, Gelände) z. B. Wartung und Instandhaltung, Bau- und Renovierungsarbeiten
- Energie und Wasser (Ver- und Entsorgung)
- (Raum-) Miete, Leasing
- Dienstleister (z. B. Gebäudereinigung, Steuerberater, Jurist, ...)
- Eigene Werbung
- ...

Abb. 3: Einnahme- und Ausgabemöglichkeiten im Verein

Diese vereinfachte Darstellung kann nur ein erster Anhaltspunkt sein. Verfolgt man die Finanzströme genauer, können unterschiedliche Wege von Einnahmen zu Ausgaben erkannt werden. Einige Beispiele:

- Die Mitgliedschaft im Verein führt einerseits zu einer Beitragszahlung, die wiederum eine Zahlung an den zuständigen Verband auslösen kann.
- Die Einnahme aus einer öffentlichen Projektförderung beinhaltet einen Anteil für die Bezahlung von eingesetzten Mitarbeiter:innen.
- Einnahmen aus der Vermietung z. B. eines Veranstaltungsraums verbessern die Kostendeckung für den Betrieb der Vereinsanlage.
- Der Verband zahlt eine Förderung, wenn für die Vereinsangebote durch eine Lizenzausbildung qualifizierte Mitarbeiter:innen eingesetzt und bezahlt werden.

Das Geflecht der Einnahmen und Ausgaben kann schnell sehr unübersichtlich werden. Dennoch ist es zur Sicherheit für den Verein wichtig, den Überblick zu behalten und entsprechende Instrumente des Finanzmanagements einzusetzen. Die Buchhaltung ist selbstverständlich, genauso wie die Erstellung des Vereinshaushalts als Grundform der Finanzplanung. Darüber hinaus muss nach dem Bedarf des einzelnen Vereins geschaut werden. Um die Übersicht zu Einnahmen und Ausgaben und die Einordnung nach den Gemeinnützigkeitsbereichen konkreter zu machen, ist eine ausführliche Übersicht in Anhang 1 enthalten.

Auf den Punkt

Wichtig für die Vereinsführung ist, bei den Finanzaktivitäten den Überblick und die Kontrolle zu behalten.

Aus der Abbildung 3 ist erkennbar, dass mit den finanziellen Aktivitäten vielfältige Aufgaben in der Vereinsarbeit verbunden sind. Da ist z. B. das Projektmanagement bei Veranstaltungen, das Marketing für neue Angebote des Vereins, das Know-how bei der Homepage- und Social-Media-Nutzung, das Mitarbeiter:innen-Management und vieles mehr. Alle Arbeitsbereiche können finanzwirksam sein. Eine Schlüsselrolle kommt jedoch dem Schatzmeister zu, teils auch »Kassenwart« genannt. Bei ihm laufen die Fäden für die finanziellen Geschicke des Vereins zusammen.

2.5 Schatzmeisters Arbeit – eine anspruchsvolle Aufgabe

Am ehesten fällt die Arbeit des Schatzmeisters oder der Schatzmeisterin auf, wenn bei der Mitgliederversammlung der Vereinshaushalt vorgestellt und letztlich verabschiedet wird. Die Rolle wird noch deutlicher, wenn eine spezielle Finanzierungsaufgabe oder die Gründe für eine finanzielle Notlage des Vereins vorgestellt werden müssen. Ansonsten geschieht die Arbeit eher im Hintergrund. Die Aufgaben einer Schatzmeisterin oder eines Schatzmeisters können je nach Bedarf der einzelnen Vereine unterschiedlich sein. Deshalb enthält die folgende Aufgabenliste auch nur Beispiele (in alphabetischer Reihenfolge):

- Abstimmen der Budgets mit den einzelnen Vereinsbereichen
- Ausstellung von Spendenbescheinigungen
- Berichterstattung im Vorstand über den jeweils aktuellen finanziellen Stand des Vereins, einschließlich Hinweisen auf Risiken
- Erarbeiten und Vorstellen des Vereinshaushalts bei der Mitgliederversammlung
- Erledigung der Zahlungsverpflichtungen des Vereins
- Kontrolle der Einnahmen und Ausgaben, auch z. B. von Abteilungen des Vereins und bei Veranstaltungen
- Kostenplanung für einzelne Vereinsbereiche, Projekte und Veranstaltungen und Abstimmung mit den verantwortlichen Mitarbeiter:innen
- Sicherstellung der Beitragseinnahmen
- Sicherstellung einer korrekten Buchhaltung, ggf. in Zusammenarbeit mit einem Steuerberater
- Überprüfen der möglichen Abmachungen mit externen Partnern in Bezug auf die wirtschaftlichen Wirkungen für den Verein, ggf. Teilnahme an Gesprächen mit Sponsoren oder Großspendern
- Überprüfen von Einnahmeoptionen für den Verein (Überblick zu Förderprogrammen, Einsatz spezieller Formate z. B. für Spendenkampagnen)

Je nach Aufgabenspektrum und -umfang des Vereins gehört die Auswahl und der Einsatz von nützlichen Managementinstrumenten ebenfalls zum Arbeitsfeld von Schatzmeister:innen. Das kann z. B. ein geeignetes Controlling-Konzept oder eine Form des Liquiditätsmanagements sein. Die Schnittstellen des Finanzmanagements zum EDV-System des Vereins müssen mitgestaltet werden, um z. B. den Datenaustausch mit der Hausbank zu sichern und einen korrekten Jahresabschluss zu erhalten.

Auf den Punkt

Für die Schatzmeister-Aufgaben ist eine kompetente Person erforderlich, die ihr Fachwissen mindestens jährlich aktualisiert.

Entsprechend speziell sind die Anforderungen an die Person, welche die Position des Schatzmeisters übernimmt. Der sorgfältige Umgang mit Zahlen ist eine Selbstverständlichkeit, hinzu kommen genauere Kenntnisse v. a. zum Bereich der Gemeinnützigkeit und den damit verbundenen steuerlichen Spezialitäten. Im Idealfall gelingt es, einen kompetenten Menschen aus den Arbeitsbereichen Bank oder Steuerberatung für diese Aufgabe zu gewinnen. Ansonsten muss man auf entsprechende Aus- und Fortbildungsmaßnahmen setzen, wie sie von verschiedenen Verbands- und anderen Organisationen angeboten werden. Die mindestens jährliche Aktualisierung des Wissenshintergrundes ist auf jeden Fall erforderlich, da sich die gesetzlichen Bedingungen schnell ändern können. Vor allem die steuerrechtlichen Regelungen der Gemeinnützigkeit verändern sich immer wieder (z. B. Jahressteuergesetz).

Tipp

Ein Beispiel für eine Tätigkeitsbeschreibung einer Schatzmeisterin bzw. eines Schatzmeisters in Vereinen findet sich in Anhang 4.

2.6 Der Umgang mit Finanzen erfordert Aufmerksamkeit und Verantwortung

Alle Aktionen in Vereinen und im sonstigen Leben hängen von menschlichen Entscheidungen ab. Und viele dieser Entscheidungen haben finanzielle Auswirkungen. Wenn z. B. der/die letzte Teilnehmer:in beim Verlassen des Veranstaltungsraums das Licht ausmacht. Die Mitarbeiter:innen, wenn es um die Anschaffung von geeignetem Material für ein Vereinsangebot geht. Bei allen Anschaffungen muss zwischen Preis, Qualität und Nutzen abgewogen werden. Oder die Vereinsführung, wenn grundlegende Entscheidungen etwa zu Investitionen in Form von längerfristig zu nutzenden Anschaffungen anstehen. Es geht darum, für das Kostenthema Bewusstsein zu schaffen – bei Mitarbeitenden und Mitgliedern.

Kleine Informationen auf der Vereinshomepage oder an passenden Stellen als Schilder können da schon erste Hinweise auch für die Mitglieder geben. Die Zahlen in den folgenden Beispielen sind Durchschnitts- bzw. Beispielwerte, die je nach technischer Ausstattung variieren können.

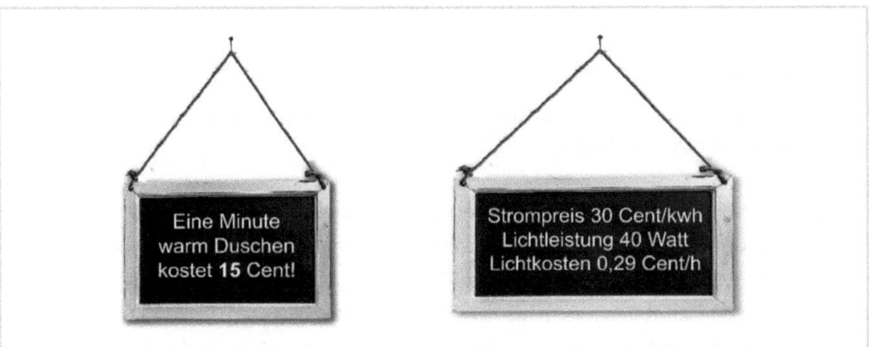

Es geht darum, wirtschaftlich zu handeln. Das heißt nicht unbedingt zu knausern oder immer nur die billigste Option zu wählen. Gerade bei größeren Anschaffungen, wie Baumaßnahmen oder einer Erneuerung der EDV-Anlage des Vereins, ist die Auswahl eine sehr umfangreiche und verantwortungsvolle Arbeit. Es muss möglichst gut herausgearbeitet werden, welcher Bedarf aktuell vorliegt und wo möglicherweise zukünftige Anforderungen für den Verein interessant werden und bereits berücksichtigt werden sollten. Die Herausforderung wird noch einmal größer, wenn nicht nur Anschaffungskosten, sondern auch Folgekosten mit in die Entscheidung einfließen.

Überdimensionierte Anschaffungen bzw. Baumaßnahmen oder unwirtschaftliche Verträge mit Partnerorganisationen des Vereins sind zwei Beispiele für entsprechende Fehlentscheidungen, wie sie in der Praxis vorkommen.

Ein Beispiel aus der Vereinspraxis

Ein Fußballverein in Baden-Württemberg musste Insolvenz anmelden, da er durch den Tod seines auch finanziell engagierten Vorsitzenden und unglückliche Entscheidungen zu sportlichen Zielen und daraus folgende wirtschaftliche Belastungen in eine finanzielle Schieflage geriet. Ein finanziell unvorteilhafter Vertrag mit einer Brauerei brachte weitere Belastungen mit sich. (Vgl. Wadsack 2006, S. 46–47 und die dort verzeichneten Quellen)

Neben dieser Genauigkeit bei der Vorbereitung und Umsetzung von Entscheidungen ist die Aufmerksamkeit für Veränderungen im Vereinsumfeld unerlässlich. Auf der einen Seite sind die möglichen Finanzquellen im Blick zu behalten, etwa hinsichtlich politischer Entscheidungen zu Förderthemen. Andererseits muss der Verein auch die Unterstützer im Blick haben, bei denen sich u. U. Veränderungen durch Unternehmensverkäufe oder Nachfrageprobleme abzeichnen. Genauso muss die Ausgabenseite beobachtet werden: inwieweit neue Belastungen auf den Verein zukommen oder Preissteigerungen auf die Vereinsarbeit durchschlagen.

Auf den Punkt

Eine aufmerksame Beobachtung des für die Vereinsfinanzierung wichtigen Umfelds ist unerlässlich.

3 Finanzmanagement im Verein – das Handwerkszeug

Aus der Praxis unserer Vereinsvertreter:innen

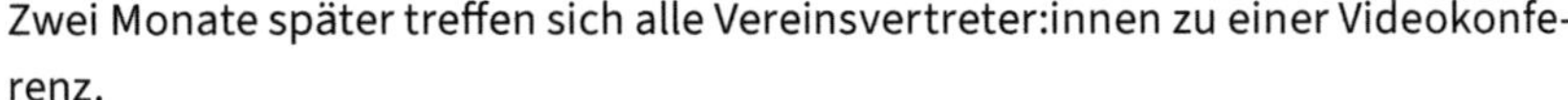

Zwei Monate später treffen sich alle Vereinsvertreter:innen zu einer Videokonferenz.

Jan: Einen guten Abend zusammen. Ich habe euch zu diesem Treffen eingeladen, weil ich unbedingt von euch wissen möchte, wie ihr mit den Finanzen zurechtkommt. Bei uns scheint bislang das Bauchgefühl des Vorsitzenden dafür zuständig zu sein.

Dilara: Das interessiert mich auch brennend. Bei uns läuft das alles gerade mehr recht als schlecht. Die Finanzplanung ist unser Sorgenkind.

Laura: Das ist bei uns kein Problem. Wir haben ein paar Eckpunkte, die wir genauer und regelmäßig im Blick behalten. Aber wir sind ja auch eher ein kleiner Verein. Da ist alles relativ übersichtlich. Trotzdem ist wichtig, dass wir unseren finanziellen Verpflichtungen immer pünktlich nachkommen.

Jan: Dann sag uns doch mal, wie läuft es denn bei dir, Konrad?

Konrad: Laura hat Recht. Es geht ja eigentlich nicht um ein riesiges Controlling. Wir haben da einige Instrumente, die uns beim Finanzmanagement gut unterstützen. Vor allem die Liquidität behalten wir gut im Blick. Und immer daran denken: bei jeder finanziellen Entscheidung das Risiko abwägen.

Jan: Da hast du recht. Darüber habe ich noch gar nicht so richtig nachgedacht. Da muss ich mal ganz genau hinschauen, was so für unseren Verein infrage kommt.

Wir werden an dieser Stelle nicht weiter auf die Buchhaltung eingehen.

Auf den Punkt

Eine gute Buchhaltung auf dem aktuellen Stand ist eine Selbstverständlichkeit.

Ein Beispiel aus dem Vereinsalltag

Eine gute Buchhaltung sollte selbstverständlich sein, ist es anscheinend aber nicht überall: Ein Steuerberater berichtete letztlich, dass er einen Verein als neues Mandat übernommen hat. Seine erste Tätigkeit war das Aufarbeiten einer wilden Belegsammlung, die im »berühmten Schuhkarton« übergeben wurde.

Im Folgenden findet sich eine Auswahl an Handwerkszeugen, wie sie für den Einsatz im Verein sinnvoll sein können. Dabei hängt es von der Vereinsgröße sowie der Vielfalt und Art der Aktivitätsbereiche ab, welche Instrumente am ehesten in Betracht kommen. Die folgende Übersicht gibt erste Anhaltspunkte (Tabelle 3).

	Vereine mit geringer wirtschaftlicher Aktivität	**Vereine mit intensiver wirtschaftlicher Aktivität**	**Vereine mit unterschiedlichen Angebotsbereichen (Abteilungen, Sparten)**	**Vereine mit projektorientierten Aktivitäten (Veranstaltungen, Projekte, Kurse)**
Finanzplanung (Haushalt; Kap. 3.1.1)	X	X	X	X
Finanzplanung (Budgetierung; Kap. 3.1.2)			X	X
Finanzplanung (Investition; Kap. 3.1.3)	bei Bedarf			
Liquiditätsplanung (Kap. 3.2)		X	X	X
Kostenrechnung (Kap. 3.3)		0	X	X
Controlling (Kap. 3.4)		0	X	X
Risikomanagement (Kap. 3.5)	0	X	X	X

Tab. 3: Vorschlag für den Einsatz der Finanzmanagementinstrumente (X: Nützlichkeit wahrscheinlich, 0: Nützlichkeit prüfen)

Die mit »X« ausgedrückten Notwendigkeiten können nur eine erste Einschätzung wiedergeben. »X« soll auf einen Klärungsbedarf hinweisen, »0« betont die Abhängigkeit von der spezifischen Arbeit des Vereins. Und dass Vereine mit geringer wirtschaftlicher Aktivität genauso darauf achten müssen, dass sie ihre Rechnungen pünktlich bezahlen, sollte klar sein.

Letztlich muss jeder Verein für sich selbst erkennen, was für ihn hilfreich ist. Dabei sind die einzelnen Instrumente i. d. R. auch in unterschiedlichem Umfang einsetzbar. Problematisch ist, wenn der Einsatz der Instrumente nicht geklärt wird, weil z. B. der Schatzmeister oder die Vorsitzende sagt »Ich habe alles im Blick«, es aber kaum transparente Unterlagen gibt.

3.1 Finanzplanung

Eigentlich erstellt ja jeder Verein eine Finanzplanung. Schließlich muss bei der Jahreshauptversammlung ein Haushalt für das kommende Jahr zur Abstimmung vorgelegt werden. Der Haushalt ist eine Abschätzung der erwarteten Ausgaben und Einnahmen. Je nach Größe des Vereins und Umfang der Vereinsaktivitäten ist es jedoch sinnvoll, über weitere Instrumente nachzudenken, um die Finanzplanung sicherer zu machen.

Hinzu kommen Sonderfälle, die nicht zum »normalen« Jahresbetrieb des Vereins gehören. Solche Projekte können einmalig sein oder sich häufiger wiederholen. Es handelt sich dabei um in sich abgeschlossene Aktivitäten wie z. B. das Sommerfest, die zweiwöchige Sprachreise für Kinder oder die Vereinsreise. Sie sind noch einmal gesondert zu betrachten, da sie eine außergewöhnliche wirtschaftliche Situation darstellen. Ebenfalls einen Sonderfall bilden Investitionen als Einsatz von v. a. finanziellen Ressourcen für die Verbesserung der Vereinsarbeit. Also z. B. für Baumaßnahmen oder den Aufbau einer digitalen Vereinsinfrastruktur.

Diese Einzelprojekte laufen nicht außerhalb des Haushalts. Aufgrund der jeweils neuen Besonderheiten muss genauer hingesehen werden. Die Einschätzung der finanziellen Auswirkungen ist zum Teil nicht einfach. Letztlich muss aber auch jeder Sonderfall für den Verein wirtschaftlich tragbar sein (vgl. Kap. 3.1.2 Budgetierung).

Der Einstieg in die bezahlte Mitarbeit in Form einer Anstellung ist ebenfalls ein Sonderfall, der genau geplant sein will. Gerade bei deutlich nachlassendem freiwilligen Engagement denkt so mancher Verein in Richtung Bezahlung. Exemplarisch stellen wir den Planungsprozess am Beispiel einer Geschäftsführungsstelle dar (vgl. Kap. 3.1.2.4).

3.1.1 Grundlagen der Finanzplanung

Der Vereinshaushalt wurde schon angesprochen – er ist unabhängig von der Vereinsgröße. Die Betrachtung des Haushalts richtet sich meist auf ein Jahr. Eine weitsichtige Vereinsführung unternimmt zusätzlich eine mittelfristige Finanzplanung z. B. für fünf Jahre. Damit wird die Sensibilität für Veränderungen bei den Ein- und Ausgaben des Vereins gestärkt.

Das Ziel muss es sein, die für die Vereinsarbeit notwendigen finanziellen Mittel zum richtigen Zeitpunkt bereitzustellen. Eine gute Ergänzung ist die Liquiditätsplanung (siehe Kap. 3.2). Den Einstieg für die Finanzplanung bietet eine erste Übersicht, wie sie in Arbeitshilfe 2 vereinfacht dargestellt ist. Es geht darum, die Einnahmen- und Ausgabenpositionen in einem ersten Anlauf zu bestimmen. Durch nähere Nachfrage, z. B. auch bei den Vereinsgruppen bzw. -abteilungen, sind diese Ansätze auf ihren Realitätsgehalt zu prüfen.

DIGITALE EXTRAS

Ausgaben (in Euro)		Einnahmen (in Euro)	
Kosten Mitarbeiter:innen (auch: Fortbildungen)		Beiträge	
Miete		Zuwendungen vom Verband	
Betrieb Geschäftsstelle (Software, Internet etc.)		Zuwendungen der öffentlichen Kasse	
Reisekosten		Spenden	
Dienstleister (u. a. Steuerberater)		Einnahmen aus wirtschaftlichen Aktivitäten (z. B. Sponsoring)	
Summe		**Summe**	
Die Summen der beiden Spalten sollten gleich sein, um einen ausgeglichenen Haushalt zu gewährleisten.			

Arbeitshilfe 2: Vereinfachte Anlage einer Haushaltsplanung

In der Übersicht sind zunächst nur direkte Einnahmen des laufenden Jahres berücksichtigt. Weitere Optionen für die Sicherung des Finanzbedarfs sind:

- **Mittel aus Rücklagen:** Vereine dürfen unter bestimmten Bedingungen (§ 62 AO) freie Rücklagen oder zweckgebundene Rücklagen bilden.
- **Aufnahme eines Kredits:** Bei Bankkrediten sind die Möglichkeiten gemeinnütziger Vereine allerdings von den verfügbaren Sicherheiten abhängig. Banken haben die Kreditwürdigkeit nach den Basel-II-Kriterien genau zu prüfen – das Ergebnis spiegelt sich in der Ablehnung des Kreditantrags oder der Höhe des Zinssatzes wider. Alternativ kann versucht werden, ein Mitgliederdarlehen zu erhalten, wenn sich ein Mitglied oder eine Gruppe von Mitgliedern dazu bereit erklärt, Finanzmittel zur Verfügung zu stellen.
- **Umlage für die Mitglieder:** Mit einem Beschluss der Mitgliederversammlung kann je nach Satzungsbestimmungen eine Umlage beschlossen werden, die als einmalige Zusatzleistung der Mitglieder zu betrachten ist.

Bei der Finanzplanung erfolgt oft schon aus Gründen der Vereinfachung eine Orientierung am Haushalt des Vorjahres. In diesem Fall muss große Aufmerksamkeit auf mögliche Veränderungen in der nächsten Haushaltsperiode verwendet werden, damit der Verein nicht in eine finanzielle Falle gerät.

Auf den Punkt

Selbst bei einem recht stabilen Vereinsbetrieb können nicht einfach Zahlen aus dem Vorjahr übernommen werden. Änderungen der Kosten oder bei den Finanzquellen müssen kritisch geprüft werden.

Für eine mittelfristige Finanzplanung sieht die Übersicht entsprechend Arbeitshilfe 3 aus.

DIGITALE EXTRAS

	2024	2025	2026	2027	2028
Ausgaben					
Kosten Mitarbeiter:innen (auch: Fortbildungen)					
Miete					
Betrieb Geschäftsstelle (Software, Internet etc.)					
Reisekosten					
Dienstleister (u. a. Steuerberater)					
Einnahmen					
Beiträge					
Zuwendungen vom Verband					
Zuwendungen von öffentlichen Kassen					
Spenden					
Einnahmen aus wirtschaftlichen Aktivitäten (z. B. Sponsoring)					
Summe					

Arbeitshilfe 3: Mittelfristige Finanzplanung, Grundsystematik

Diese mittelfristige Finanzplanung hilft dabei, absehbare Veränderungen bei den einzelnen Posten frühzeitig in den Blick zu nehmen und ihre Auswirkungen auf die wirtschaftliche Situation des Vereins abzuschätzen. Ebenfalls ist frühzeitig zu berücksichtigen, inwieweit neue Ausgaben bzw. Einnahmen auf den Verein zukommen. Die Aktualisierung des Vereinsprogramms, der Erweiterungsbau des Vereinsheims oder die neu anzustellende Leitung der Geschäftsstelle sind Beispiele für solche Veränderungen, ganz abgesehen von absehbaren Preisänderungen im Rahmen des Vereinsbetriebs. Vorsicht und eine kritische Betrachtung der zukünftigen Situation prägen die mittelfristige Finanzplanung.

Auf den Punkt

Die Wahl eines neuen Vorstandes oder die Übernahme eines örtlichen Unternehmens in einen großen Konzern können schnell Spuren bei den Einnahmen hinterlassen, wenn eine Sponsorenvereinbarung z. B. auf der freundschaftlichen Verbundenheit mit dem 1. Vorsitzenden beruht, der nun nicht mehr tätig ist. Ein übernehmendes international tätiges Unternehmen hat u. U. wenig Interesse an der Kontaktpflege vor Ort.

Es ist sinnvoll, diese mittelfristige Finanzplanung mindestens einmal pro Jahr zu überprüfen und ggf. zu aktualisieren. Zudem kann die jeweilige Verlängerung um ein Jahr für die Zukunft helfen.

Wichtige Regeln bei der Erstellung eines Finanzplans sind (Abbildung 4):

- Die tatsächlichen Einnahmen und Ausgaben des letzten Wirtschaftsjahres mit den Planungszahlen vergleichen und Abweichungen auf Ursachen überprüfen.
- Realistisch sein: Bei zu hohen Einnahmen und zu niedrig angesetzten Ausgaben kann der Verein schnell in finanzielle Schwierigkeiten geraten.
- Die Verantwortung für die Aufstellung und Überwachung liegt in der Regel beim Schatzmeister. Aber: Alle Mitglieder des Vorstands und alle sonstigen Entscheider:innen im Verein müssen mit den Vereinsfinanzen vertraut sein, um in ihren Arbeitsbereichen verlässlich arbeiten zu können.
- Kostenmanagement – bei den Entscheidungen zu Kosten und Ausgaben auf dem Laufenden sein.

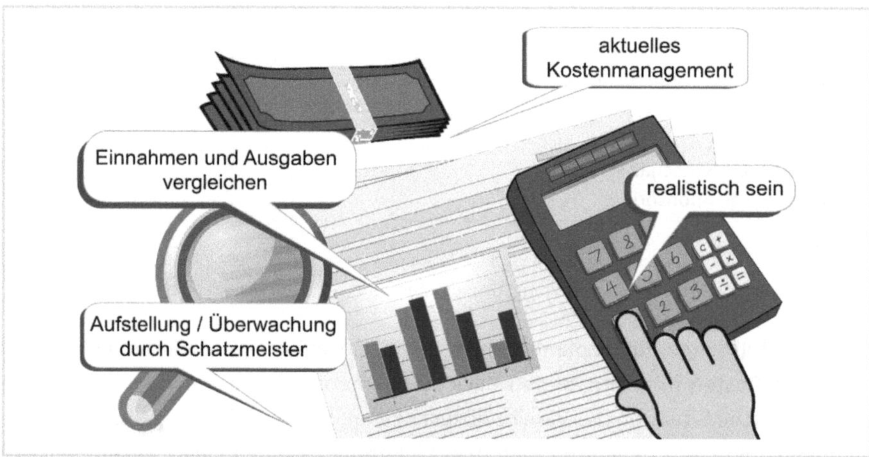

Abb. 4: Wichtige Regeln bei der Finanzplanung (Grafik: Wach)

Auf den Punkt

Jeder Entscheider und jede Entscheiderin im Verein hat Verantwortung für die Kosten.

Daneben ist es sinnvoll, projektbezogene Finanzpläne und Budgets zu erstellen. Damit sollte bereits in der Planungsphase begonnen werden, um die gut erarbeiteten wirtschaftlichen Werte in die Haushalts- bzw. allgemeine Finanzplanung einfließen zu lassen.

3.1.2 Budgetierung

Die jährliche Haushaltsplanung ist eigentlich nichts anderes als eine Budgetierung für den gesamten Verein für ein Jahr. In diesem Abschnitt geht es um Teilbereiche des Vereinshaushalts, die häufig Projekt- oder Veranstaltungsbezug haben.

Auf den Punkt

Budgetierung meint die Abstimmung eines Ressourcen- bzw. Finanzvolumens für eine bestimmte Aufgabe.

Ein Budget ist ein vereinbarter (meist) Geldbetrag, der innerhalb eines festgelegten Zeitraums für abgegrenzte Vereinsaufgaben zur Verfügung steht. In Vereinen sind häufig

- Abteilungs- oder Bereichsbudgets (Kapitel 3.1.2.2) bzw.
- Projektbudgets (z. B. für den Jubiläumsball, ein Schützenfest oder eine Vereinsreise; Kapitel 3.1.2.3)

zu finden. Größere Investitionen für Baumaßnahmen oder größere Maschinen/Geräte benötigen noch einmal eine speziellere Betrachtung (Kapitel 3.1.3).

3.1.2.1 Budgetierung – Grundverständnis für die Vereinsarbeit

Mit »abgegrenzten Vereinsaufgaben« sind dabei nicht detailliert vorgeschriebene Aufgaben gemeint, die zu erfüllen sind, wie z. B. die Buchhaltung. Vielmehr geht es gerade um die Freiheiten einer Organisationseinheit des Vereins oder innerhalb eines Projekts, zwischen verschiedenen Einsatzmöglichkeiten der finanziellen Mittel zu entscheiden und damit die Vereinsarbeit inhaltlich zu gestalten. Die Abteilungs- oder Projektleitung erhält damit einen Handlungsspielraum, auch wenn dieser begrenzt ist. Vor allem bei Abteilungs- und Bereichsbudgets kann es einige Fixposten geben, wodurch ein Teil des Budgets bereits vorab verplant ist.

Auf den Punkt

Die Budgetierung macht die Einnahmen- und Ausgabenplanung für einzelne Abteilungen oder Projekte transparent und entlastet den Vereinsvorstand, indem die Budgetverantwortung auf die Abteilungs- bzw. Projektleiter:innen übertragen wird.

Die Ausgabenseite steht bei Vereinen meist im Mittelpunkt. Es muss darauf geachtet werden, inwieweit die Ausgaben durch Einnahmen aus dem Budget des Gesamtvereins oder externen Finanzquellen gedeckt werden. Bei Kursen sind dies z. B. Teilnahmegebühren, bei Projekten möglicherweise Fördergelder aus externen Quellen.

Beispiel

Ein großer Verein hat von der Stadt die Aufgabe übernommen, die gesamte Nachmittagsbetreuung in mehreren Grundschulen im Rahmen der Ganztagsschule zu gestalten und zu organisieren. Dafür wird von der Stadt ein fixer Geldbetrag zur Verfügung gestellt. Dieser bildet das Budget für ein Schuljahr sowohl für den Einsatz eigener Mitarbeiter:innen als auch für zugekaufte Honorarkräfte für unterschiedliche Angebote. Außerdem müssen die Mitarbeitskosten für die notwendigen Koordinierungsaufgaben abgedeckt sein.

Hat der Verein verschiedene Abteilungen, ist zu klären, welche Angebote die einzelne Abteilung erstellen will und wie viel diese kosten werden. Entsprechendes gilt für einzelne Projekte des Vereins, wie z. B. Fahrten oder Feierlichkeiten. Mit dem vereinbarten Budget wird geklärt, welcher finanzielle Spielraum für den Bereich oder das Projekt zur Verfügung steht. Dies reicht aber nicht aus. Es muss auch klar festgelegt werden, wer als Budgetverantwortliche:r für diesen Vereinsbereich disponieren darf und damit die Verantwortung für eine korrekte Budgetbewirtschaftung trägt.

Auf den Punkt

Die Budgetverantwortlichen sind dafür zuständig, dass die vereinbarten Budgetgrenzen eingehalten werden und sie nicht nach der Hälfte der Projektlaufzeit mit leeren Händen vor der Tür des Vorstands stehen.

Neben der formellen Budgeterstellung gibt es weitere wichtige Wirkungen. Die Budgetierung

- zwingt die Beteiligten, sich im Rahmen ihrer Zuständigkeit mit der Zukunft des Vereins auseinanderzusetzen. Wenn Budgetierung ernsthaft betrieben wird, schreibt man nicht einfach die Zahlen des laufenden Jahres für die Planung des folgenden Jahres ab. Sondern man denkt über die anstehenden Aktivitäten nach und überlegt frühzeitig, wie der Verein für die Zukunft durch neue und veränderte Angebote erhalten oder sogar gestärkt werden kann und welche finanziellen Wirkungen damit verbunden sind.
- fördert die Kommunikation über die Entwicklung des Vereins unter den Budgetverantwortlichen. Wird die Budgetierung als politischer Aushandlungsprozess

verstanden, bietet er vielfältige Möglichkeiten, das Profil des Vereins zu schärfen und die Identifikation der beteiligten Mitarbeiter:innen zu stärken.
- stärkt damit die Zielorientierung des Vereins.

Budgetierung kann auch Motivationsaspekte haben. Eine Budgetierung gibt den verantwortlichen Mitarbeiter:innen und den beteiligten Personen Handlungsfreiheiten – und das kann als Bereicherung der Tätigkeit empfunden werden. Außerdem kann ein sparsames Wirtschaften innerhalb des abgestimmten Budgets dazu führen, dass eingesparte Gelder für den entsprechenden Vereinsbereich für weitere Maßnahmen zur Verfügung stehen. Eine solche Belohnung sollte im Interesse der Vereinsführung liegen. Zudem können Zuschläge zu einem Budget für einen Vereinsbereich als Belohnung für besondere Anstrengungen im vorherigen Vereinsjahr eingesetzt werden.

Zeigt sich, dass ein Budget für die abgestimmten Aufgaben nicht ausreicht, ist ein transparentes und faires Vorgehen der Vereinsführung gefragt, um das Engagement der Mitarbeiter:innen nicht zu beeinträchtigen. Natürlich muss bei erkennbaren Fehlplanungen eine Ursachenanalyse erfolgen, um Lehren für die Zukunft zu ziehen.

Auf den Punkt

Es gilt, die Gefahren der Budgetierung im Blick zu behalten und zu versuchen, sie zu vermeiden

Es gibt aber auch Gefahren der Budgetierung:
- Der Erhalt des Vorjahresbudgets als Hauptziel. Wenn das Budget von den real geplanten Aktivitäten gelöst wird und nur als Status-quo-Erhalt gesehen wird, verfehlt es seine Wirkung.
- Die Ausschöpfung des Budgets trotz Einsparmöglichkeiten. Die Maxime, das Budget bis zum Jahresende in jedem Fall auszuschöpfen, ist mit der Sorge verbunden, dass Einsparungen im nächsten Jahr als Minus angerechnet werden. Es ist im Interesse der Vereinsführung, dieses kontraproduktive Vorgehen zu vermeiden.
- Die erzwungene Einhaltung des Budgets trotz gestiegener Kosten. Das Vorgehen kann dazu führen, dass z. B. Reparaturen in das Folgejahr verschoben werden. Ein »Totalschaden« mit noch höheren Kosten kann die Folge sein.
- Das Beharren auf dem festgesetzten Budget. Unvorhersehbare Ausgaben oder Preissteigerungen können einen Zusatzbedarf für das Budget auslösen. Die Suche nach Lösungen mit Vereinsführung und Budgetverantwortlichen ist der richtige Weg. Eine reine Ablehnung ohne Begründung führt zu Verärgerung.
- Luftbudgets mit viel Puffer. Werden bei der Planung von Budgets von vornherein zu hohe Beträge eingeplant, schmälert dies die Handlungsfähigkeit des gesamten Vereins. Schließlich laufen alle Budgets im Haushalt zusammen. Luftbudgets können helfen, kleinere Ungenauigkeiten in den Planungen auszugleichen. Sie sollten jedoch nicht überhandnehmen.

3.1.2.2 Budgetierung für die Abteilungen bzw. Vereinsbereiche

Ein Verein kann in unterschiedlicher Form in einzelne organisatorische Einheiten aufgeteilt werden, wenn er nicht allzu klein ist. Folgende Hauptbereiche können z. B. grob unterschieden werden:

- Abteilungen, Sparten als Untergliederung z. B. nach Themenschwerpunkten der Vereinsarbeit
- Vorstand, Geschäftsführung, Vereinsverwaltung als Hintergrundbereiche für das Funktionieren eines Vereins

Einzelprojekte wie eine Baumaßnahme, Technikerneuerung im Vereinsheim oder der Aufbau der IT-Struktur bedürfen wiederum anderer Schritte (siehe Kapitel 3.1.2.3 bzw. 3.1.3).

Mit dem Ziel, die Ausgaben des Vereins möglichst sinnvoll zu platzieren, muss die Vereinszielsetzung und das darauf ausgerichtete Vereinsprogramm die Grundlage sein. Die Kosten bzw. Ausgaben sind daran zu orientieren.

Davon ausgehend erfolgt die konkrete Budgetplanung. Mit Blick auf Erfahrungen aus der Vergangenheit z. B. in der Mitgliederentwicklung planen die einzelnen Vereinsbereiche entlang ihrer vorgesehenen Aktivitäten ihre gewünschten Ausgaben. Die folgende Arbeitshilfe 4 geht von zwei Abteilungen aus. Sie kann einfach erweitert werden.

DIGITALE EXTRAS

Arbeitsschritte Budgetierung	Abteilung 1	Abteilung 2	Vorstand/ Geschäftsstelle
1. Runde			
Ausgaben Mitarbeiter:innen Verein Honorarkräfte Gebrauchsgüter/Anschaffungen Verbrauchsgüter Abteilungsbetrieb Räume, vereinseigene Räume, gemietete Sonstiges, z. B. Reisekosten, Verbandsbeiträge, Lizenzen			
Einnahmen Beiträge Spenden Sponsoring Projektmittel Wirtschaftlicher Geschäftsbetrieb Sonstiges			

Arbeitsschritte Budgetierung	Abteilung 1	Abteilung 2	Vorstand/ Geschäftsstelle
2. Runde			
• Zusammenführung der Anforderungen • Abgleich mit dem verfügbaren Finanzrahmen des Vereins • Besprechung mit den Bereichen			
3. Runde (Überarbeitung der Budgets)			
Ausgaben Mitarbeiter:innen Verein Honorarkräfte Gebrauchsgüter/Anschaffungen Verbrauchsgüter Abteilungsbetrieb Räume, vereinseigene Räume, gemietete Sonstiges, z. B. Reisekosten, Verbandsbeiträge, Lizenzen			
Einnahmen Beiträge Spenden Sponsoring Projektmittel Wirtschaftlicher Geschäftsbetrieb Sonstiges			
4. Runde			
• Zusammenführung der überarbeiteten Bereichsanforderungen • Abgleich mit dem verfügbaren Finanzrahmen des Vereins • Budgetvereinbarung mit den Bereichen			

Arbeitshilfe 4: Grundsystematik eines Budgetierungsprozesses

Die in der Arbeitshilfe 4 gezeigte Form entspricht dem Gegenstromverfahren, d. h. die Erfahrungen und Vorstellungen der einzelnen Vereinsbereiche werden als Ausgangspunkt der Planung genommen.

Tipp

Als Liste in einem Tabellenkalkulationsprogramm, wie z. B. MS Excel oder Numbers, können die Daten schnell erfasst und zusammengeführt werden.

Das Gegenstromverfahren umfasst vier Stufen:

1. Abfrage der von den einzelnen Bereichen angenommenen Einnahmen und Ausgaben (Arbeit liegt bei den einzelnen Vereinsbereichen)
2. Zusammenführung der gemeldeten Werte, Abgleich für den Gesamtverein, Rückmeldung an die Bereiche für die weitere Planung (Vorstand, Schatzmeister)

3. Überarbeitung der Meldungen aus Schritt 1 (Vereinsbereiche)
4. Abgleich der überarbeiteten Anmeldungen, Zusammenführung zum Gesamtbudget des Vereins (Haushalt), ggf. Einzelgespräche zu Nachbesserungen, Vereinbarung der Budgets für den nächsten Planungszeitraum (Vorstand/Schatzmeister, Vereinsbereiche)

Dieses Verfahren hat den Vorteil, dass die einzelnen Bereiche sich in ihrer Verantwortung respektiert sehen. Sie erleben außerdem, dass sie eine Chance haben, ihre eigenen Wünsche einzubringen. Die Ernsthaftigkeit der Auseinandersetzung v. a. in der 2. Runde ist dafür ein wichtiger Prüfstein, besonders wenn z. B. über eine Kürzung der gewünschten Ausgaben zu diskutieren ist.

Durch die direkte Einbeziehung der einzelnen Budgetbereiche des Vereins können größere Veränderungen schon in die erste Planung mit eingehen. Die Budgetwünsche werden von der Vereinsführung zusammengefasst und vor dem Hintergrund der Einnahmen analysiert. Gemessen werden die Wünsche am Nutzen für die Verfolgung der Vereinsziele, an den Einnahmen der einzelnen Budgetbereiche und den Gesamteinnahmen und -ausgaben des Vereins. Aus diesem Abgleich können schon in der ersten Planung Umschichtungen oder Kürzungen für die einzelnen Budgets besprochen und danach vorgenommen werden.

Führen die Budgets z.B. zu einer Unterstützung der Vereinsbereiche untereinander, ist dies ein starkes Signal für das Solidarprinzip im Verein. Andererseits können Abteilungsbeiträge (siehe Kapitel 4.2) genutzt werden, um die Beteiligung der dort organisierten Mitglieder an der tatsächlichen Kostenverursachung zu verstärken.

Auf den Punkt

Ein Wort zwischendurch zu einem nicht direkt finanzwirksamen Bereich. Das freiwillige/ehrenamtliche Engagement im Verein sollte vor lauter Fokussierung auf das Geld nicht aus dem Blick geraten! Wertschätzung und Vermeidung von Überforderung sind wichtige Führungsaufgaben.

Bei Vereinen, deren Vereinsprogramm sich wenig oder gar nicht ändert, ist die Budgetierung einfacher. Es müssen hauptsächliche Kostensteigerungen betrachtet werden. Dennoch kann es auch hier sinnvoll sein, einmal bei null anzufangen und alle relevanten Bereiche ihre Ausgaben überprüfen und begründen zu lassen. So kann vermieden werden, dass »Erbhöfe« entstehen, die nach Jahren nicht mehr der realen Situation entsprechen.

Auf den Punkt

»Weil das schon immer so war« ist ein schlechtes Argument für eine gute Budgetierung.

Ist ein Budget vereinbart, ist eine Kontrolle während der Laufzeit wichtig, um mögliche Abweichungen von der Planung früh zu erkennen. Damit erhält der oder die Budgetverantwortliche, eventuell in Zusammenarbeit mit der Vereinsführung, die Chance gegenzusteuern.

Wie in Abbildung 5 markiert, kann z. B. eine vierteljährliche Budgetkontrolle erfolgen. Sie dient zum Schutz der Vereinsfinanzen und als Hilfestellung für die Budgetverantwortlichen. Die Daten müssen aktuell vorgelegt werden, sodass sie wirklich zu einer Steuerung führen können. Diese Budgetkontrolle beruht auf der aktuellen Buchführung des Vereins. Schließlich müssen die Daten zuverlässig geliefert werden. Neben den Finanzdaten kann eine Grafik über den Verlauf der Budgetausschöpfung die Entwicklung besser vor Augen führen. Mit einem Tabellenkalkulationsprogramm sind solche Grafiken leicht digital zu erstellen.

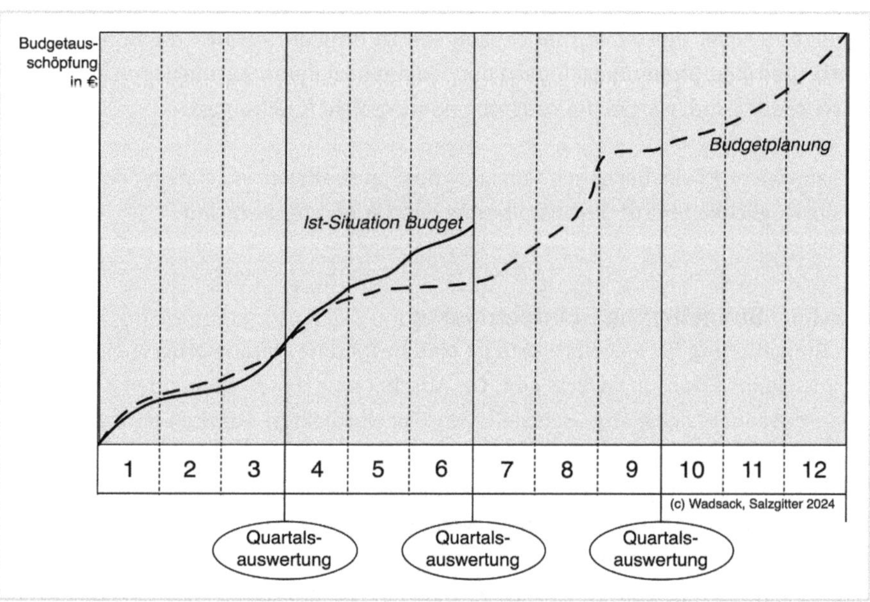

Abb. 5: Verlauf der Budgetausschöpfung

Bei kleineren Abweichungen muss der oder die Budgetverantwortliche die weitere Entwicklung im Blick behalten und die eventuell erforderlichen Korrekturen durchführen. Liegen die Abweichungen z. B. mehr als 20% abseits des Soll-Wertes, sollte sich der Vorstand einschalten und ein Gespräch führen bzw. eine engere Kontrolle der weiteren Budgetentwicklung vornehmen. Schließlich muss in den meisten Vereinen letztlich der Vorstand für das finanzielle Gebaren seiner Abteilungen geradestehen.

Auf den Punkt

Der Vorstand trägt am Ende die finanzielle Verantwortung.

Damit diese Steuerungsfunktion auch wirksam wird, muss gesichert sein, dass die Budgetdaten

- z. B. monatlich bei den Budgetverantwortlichen vorliegen,
- schnell nach dem Kontrollstichtag zur Verfügung stehen (z. B. drei Werktage nach dem Monats- bzw. Quartalsende),
- alle Buchungen umfassen, die bis zum entsprechenden Stichtag im Verein vorlagen.

Auf den Punkt

Eine nicht aktuelle Vereinsbuchhaltung macht die Vorteile der Budgetierung zunichte.

Gelingt es nicht, diese Informationsaufgabe zu erfüllen, können die Budgetverantwortlichen ihrer Steuerungsaufgabe nur bedingt nachkommen und haben immer eine Ausrede zur Hand, warum die Budgeteinhaltung nicht funktioniert.

Es kann wichtig sein, bei nahendem Ende des Haushaltsjahres schneller einzugreifen, da die Möglichkeiten zur Gegensteuerung dann stark begrenzt sind.

3.1.2.3 Budgetierung – Einzelprojekte

Die Budgetierung für Einzelprojekte ist eine besondere Herausforderung, v. a. wenn es noch keine Erfahrungswerte gibt. Die Abschätzung der entstehenden Kosten wird dann besonders schwierig. Beispiele von Einzelprojekten abseits von Baumaßnahmen können sein:

- Festakt zum 100-jährigen Gründungstag des Vereins
- Veröffentlichung einer gedruckten Vereinschronik
- Durchführung einer Vereinsreise für Mitglieder
- Projekt zur Inklusion im Rahmen eines Landesprogramms
- Aufbau eines neuen Vereinsangebots
- Ausbau der Vereins-IT
- Qualifizierungsoffensive für Mitarbeiter:innen

Die Beispiele sind eher etwas größere Projekte. Selbst die Durchführung einer Klausurtagung für die Vereinsentwicklung erfordert ein Finanzbudget für Fahrtkosten, Raummiete, eventuell Übernachtung, Moderationsmaterial und Bewirtung.

Auf den Punkt

Die Budgetierung von Einzelprojekten wird wegen der Unwägbarkeiten häufiger mit »Kaffeesatzlesen« verglichen. Deshalb ist hier besondere Sorgfalt gefragt.

Die Besonderheit liegt darin, dass teils nur geschätzt oder gar vermutet werden kann, welche Belastung auf den Verein zukommt. Auf der anderen Seite wird z. B. bei der Einreichung eines Projekts im Rahmen eines Förderprogramms erwartet, dass ein Kostenplan beigefügt ist. Dieser ist dann auch die Grundlage der Bewilligung. In diesem Fall schlägt eine Überschreitung der geplanten Kosten auf den Verein und seine Finanzen durch.

Die Übersicht in Arbeitshilfe 5 ist eine Hilfestellung für die Erarbeitung einer solchen Kostenplanung.

DIGITALE EXTRAS

	Vorbereitung	**Durchführung Projekt**	**Nachbereitung**	**Bemerkung bzw. Beispiele**
	Beträge in Euro, Arbeitsstunden			
Mitarbeiter:innen Verein Honorarkräfte				auch Ehrenamtliche bzw. freiwillig Engagierte berücksichtigen, Moderator:in, Berater:in
Gebrauchsgüter/ Anschaffungen				Software, Arbeitsgeräte für Teilnehmer:innen
Verbrauchsgüter Abteilungsbetrieb				Materialien je nach Projekt
Räume, vereinseigene Räume, gemietete				Miete, auch vereinseigene Räume
Sonstiges, z. B. Reisekosten, Verbandsbeiträge, Lizenzen				Fahrtkosten

Arbeitshilfe 5: Basiskonzept Budgetierung Einzelprojekte

In der Tabelle ist eine Besonderheit enthalten: Die Miete für Vereinsräumlichkeiten ist hier einbezogen. Die Nutzung von vereinseigenen Räumen fällt ja normalerweise unter die Gesamtkosten z. B. des Vereinsheims. Bei einem extern finanzierten Projekt kann dies entsprechend den Förderrichtlinien als Nutzung einer Räumlichkeit für die Projektarbeit mit einer Miete eingerechnet werden. Also benötigt man im Verein einen begründeten Betrag z. B. für ein Projektbüro.

Der Schlüssel für ein gut laufendes Projekt ist jedoch der Mitarbeiter:innen-Einsatz. Allerdings ist häufig schlecht abzuschätzen, wie viele Arbeitsstunden notwendig sind. Dennoch soll das Projekt erfolgreich sein. Gerade wenn der Projektantrag in Konkurrenz zu anderen Anträgen steht, kann ein zu hoher Kostenansatz zum Scheitern führen. Dennoch muss Realismus bei der Planung das Leitmotiv sein. Bei einer zu knappen Planung ist die Überforderung der eingesetzten Mitarbeiter:innen vorprogrammiert oder der Verein muss zuzahlen, um zusätzliche Arbeitskapazität zur Verfügung zu haben.

Auf den Punkt

Die realistische Planung der Arbeitsstunden für die Mitarbeiter:innen sind das A und O einer guten Projektplanung.

Wenn für das Projekt auch ehrenamtliche bzw. freiwillig Engagierte eingeplant werden, muss man sich darüber klar sein, dass das eingebrachte Engagement und die eingebrachte Kompetenz sehr wertvoll sein können. Andererseits können Überlastung oder Enttäuschung zu einem Rückzug der Freiwilligen führen – eine klassische Aufgabe der Risikoanalyse und des Risikomanagements in der Projektarbeit. Allerdings muss es zunächst darum gehen, im Rahmen des Projektmanagements eine gute Arbeitsatmosphäre zu schaffen, um eine solche Reaktion zu vermeiden.

Neben den schon bei der Budgetierung für Vereinsbereiche angesprochenen spezifischen Herausforderungen sind weitere Besonderheiten zu beachten:

- Es kann sein, dass ein solches Projekt in bzw. nach der Vorbereitung abgebrochen wird oder nicht den Zuschlag im Rahmen eines Förderprogramms bekommt. Die bis dahin entstandenen Kosten gehen zulasten des Vereins.
- Bei der Bewerbung im Rahmen eines Förderprogramms können spezifische Anforderungen z. B. zu Veranstaltungen, Öffentlichkeitsarbeit oder Nacharbeit als Pflicht enthalten sein. Diese Arbeiten müssen in die Kostenplanung eingehen (siehe auch Kapitel 4.3 zu Fördermitteln).
- Bei der Zusammenarbeit mit Projektpartnern können Unstimmigkeiten bei der Aufgaben- bzw. Kostenzuordnung auftreten. Möglichst klar abgestimmte Regeln für die Zusammenarbeit vor Projektbeginn sollten dies möglichst verhindern.
- Gerade Veranstaltungen wie Feste und Feiern, die von den Einnahmen der Teilnehmer:innen abhängen (Eintrittsgeld, Catering-Verzehr), stehen unter Erfolgsdruck. In der Planung muss für den Fall der nicht möglichen Kostendeckung eine Lösung enthalten sein.

Aus strategischer Sicht ist v. a. bei Projekten, die eine Anschubfinanzierung erhalten und bei denen die Weiterführung das Ziel ist, die Zeit nach Ende der Förderphase im Hinblick auf die finanziellen Wirkungen zu beachten (mehr dazu in Kapitel 4.3.5.2).

3.1.2.4 Finanzierung einer Geschäftsführung für den Verein

Der Einstieg in die bezahlte Mitarbeit ist eine besondere Situation für jeden Verein. Aus finanzieller Sicht verdeutlichen wir das unten bezogen auf die Stelle einer Geschäftsführung. Aus Sicht der Vereinsführung muss dabei bedacht werden, dass es sich um einen Menschen handelt, der bei einem entsprechenden Stellenumfang seinen Lebensunterhalt mit der Berufstätigkeit sichern will bzw. muss.

Die Einrichtung einer bezahlten Stelle kann als Projekt begriffen werden, das in der Folge mit der dauerhaften Einrichtung zur Normalität werden kann. Aber es kann auch bedeuten, dass mit den gewonnenen Erfahrungen auf eine weitere Anstellung der Geschäftsführung verzichtet wird. Sei es, dass die finanzielle Belastung für den Verein nicht mehr tragbar ist oder sich andere Optionen ergeben haben, wesentliche Aufgaben abzudecken.

Auf den Punkt

Die Einrichtung einer Vollzeitstelle in einer verantwortlichen Position kann schnell einen Jahresbetrag von 60.000 Euro für den Verein ausmachen.

Geht man von einer Vollzeitstelle mit entsprechender Verantwortung aus, so kann das Jahresgehalt mit den Arbeitgeberanteilen zur Sozialversicherung schnell bei 60.000 Euro und mehr liegen. Das bedeutet ein monatliches Brutto für den Geschäftsführer von gut 4.000 Euro. Die monatliche Belastung für den Verein liegt damit bei gut 4.800 Euro, bei 12 Monatsgehältern also bei ca. 58.000 Euro pro Jahr. Wird noch über Urlaubsgeld und/oder Weihnachtsgeld gesprochen, erhöht sich der Betrag entsprechend.

Insgesamt gibt es zur Gehaltsfrage keine Vorgaben, letztlich ist es eine Aushandlungsfrage zwischen Verein und Bewerber:in, was als angemessen betrachtet wird. Teils wird der TVöD (Tarifvertag des öffentlichen Dienstes) als Orientierungspunkt für die Gehaltshöhe genommen.

Tipp

Der Tarifvertrag des öffentlichen Dienstes (TVöD) kann als Orientierungspunkt für die Gehaltshöhe herangezogen werden.

Und mit dem Gehalt ist es ja auch nicht getan. Der/Die Geschäftführer:in benötigt einen Arbeitsplatz, es müssen also ein geeigneter Raum und angemessene technische Geräte zur Verfügung stehen, die eine gute Arbeitserledigung ermöglichen, z. B. ein geeigneter Computer und die notwendige Software. Hinzu kommen die laufenden Kosten für Fahrten im Rahmen der Arbeit. Ebenfalls ist an Fortbildungen und Kongressteilnahmen zu denken, um für den Verein aktuelles Wissen zu gewinnen. Insofern bestehen die finanziellen Anforderungen in unterschiedlichen Formen:

- Gehalt, Sozialversicherung: regelmäßig monatlich
- Ausstattung des Arbeitsplatzes: zu Beginn der Tätigkeit
- Reisekosten, Fortbildungen etc.: unregelmäßig über das Vereinsjahr

Mit Blick auf die finanzielle Belastung kann man auch mit einem Minijob oder einer Teilzeitstelle einsteigen. Die Herausforderung liegt darin, jemanden mit entsprechender Qualifikation zu finden, der oder die in diesem Rahmen bereit ist zu arbeiten. Außerdem müssen in der Zusammenarbeit die zeitlichen Grenzen der Einsetzbarkeit ausdrücklich berücksichtigt werden. Es ist fahrlässig, einen Menschen mit einer Teilzeitstelle mit den Anforderungen einer ganzen Stelle auszunutzen.

Auf den Punkt

Fatal wäre es, eine Teilzeitstelle zu besetzen und den Einsatz für eine ganze Stelle zu erwarten.

Die Finanzierung der neuen Stelle kann auf unterschiedlichen Wegen erfolgen, letztlich steht der Verein in der Pflicht (Tabelle 4). Es ist erkennbar, dass zunächst der Verein in Vorleistung muss, bevor positive finanzielle Auswirkungen durch die neue Mitarbeiterin bzw. den neuen Mitarbeiter sichtbar werden.

Finanzierungsmöglichkeiten Geschäftsführung	
Kurzfristige Wirkung	**Mittel-/langfristige Wirkung**
• Beitragserhöhung • Anschubfinanzierung z. B. durch eine Stiftung • ggf. Förderprogramme Verband, Land, Bund (Anschubfinanzierung)	• Mitgliederzuwachs durch Verbesserung von Werbung und Angebot • Einsparungen im Vereinsbetrieb (z. B. Dienstleistereinsatz) • Erschließung von Projektmitteln mit Finanzierungsanteil • Projektmanagement • Gewinnung neuer Partnerschaften

Tab. 4: Finanzierungsmöglichkeiten einer neuen Stelle »Geschäftsführung«

Bei Tabelle 4 ist zu berücksichtigen, dass die Finanzierungsoptionen v. a. mit mittel- und langfristiger Wirkung Risiken beinhalten, da nicht sicher ist, inwieweit sich die erwünschten Wirkungen realisieren lassen. Die Unterstützung bei der Umsetzung guter, neuer Ideen durch den Vorstand ist z. B. eine Voraussetzung für die Entwicklung des Vereins. Aber auch eine Beitragserhöhung muss für die Mitglieder gut begründet werden, um die notwendige Mehrheit zu erhalten.

Eine Anschubfinanzierung weist deutlich darauf hin, dass die Finanzierungslast in der Folge anderweitig abgedeckt werden muss, in der Regel aus den Mitteln des Vereins.

Auf den Punkt

Bei Anschubfinanzierungen muss frühzeitig die Folgefinanzierung geklärt werden, damit keine Finanzierungslücke entsteht.

Die Arbeitshilfe 6 zu den Finanzierungsoptionen kann im Verein genutzt werden, um die Ausgangssituation für die Investition in die Stelle besser abzuschätzen. Neben dem Ausloten der Möglichkeiten des eigenen Vereins gilt es, ein erstes Gefühl für die finanziellen Auswirkungen zu erhalten. Der Hinweis auf die »konservative« Abschätzung bedeutet, dass es nicht das Ziel ist, in Traumzahlen zu schwelgen. Außerdem ist es unbedingt notwendig, genauer hinzusehen, wie sicher bzw. unsicher eine Finanzierungsoption ist. Es ist nicht sinnvoll, mit einer wackeligen Finanzierung eine Geschäftsführerstelle zu begründen.

DIGITALE EXTRAS

Ansatzpunkt für die Finanzierung	Möglichkeiten für den eigenen Verein	(Konservativ) geschätzter Finanzierungsbeitrag pro Jahr	Risikoabschätzung
Einsparungen im bisherigen Vereinshaushalt			
Erhöhung der Mitgliederbeiträge			
Zuwendungen aus Projektprogrammen (z. B. Verbände, Kommune)			
Zuwendungen aus Stiftungen			
Zuwendungen durch Spender			

Arbeitshilfe 6: Finanzierungsoptionen Geschäftsführung

Auf den Punkt

Die Einführung einer bezahlten Geschäftsführung erfordert eine verantwortungsvolle und kritische Vorbereitung.

Wenn sich herausstellt, dass eine ganze Stelle für den eigenen Verein im Moment nicht darstellbar ist, gibt es einige andere Möglichkeiten:

- Einrichtung einer Teilzeitstelle, wie schon angesprochen.
- Einrichtung einer Pop-up-Stelle, die sich z.B. nach dem saisonalen Betrieb des Vereins richtet und zwischen einer halben und einer ganzen Stelle pendelt. Eine solche Regelung muss jedoch sorgfältig fachjuristisch abgeklärt werden, um keinen Fehler zu machen.
- Stellenschaffung in Kooperation mit einem oder mehreren anderen Vereinen, wobei die Kapazitätszuordnung am Finanzierungsanteil orientiert wird.

Auf den Punkt

Es kann hilfreich sein, einen anderen Verein als Partner für eine gemeinsame Geschäftsführungsstelle zu suchen.

3.1.3 Investitionsplanung

3.1.3.1 Grundlagen der Vereinsinvestition

Der Begriff der Investition wird am ehesten mit Wirtschaftsunternehmen verbunden. Es werden Geldmittel eingesetzt, um die Leistungsfähigkeit und letztlich den Gewinn zu erhöhen. Häufig stehen Hinweise auf Investitionen mit neuen Produktionsstätten, Maschinen oder dem Zukauf von Unternehmensbeteiligungen in Verbindung. In Unternehmen wird der Erfolg einer Investition normalerweise in Geld ausgedrückt.

Als Verein ist die Arbeit auf ein Sachziel ausgerichtet. Aber auch hier kann man sich Gedanken darüber machen, inwieweit verfügbare Ressourcen und daraus folgende Investitionen wirklich die Leistungsfähigkeit und die Erreichung des Vereinsziels verbessern. Konsequenz einer Investition ist die längerfristige Bindung der entsprechenden Finanzmittel bzw. Vereinsressourcen.

Tipp

Es lohnt sich für Vereine, ein breiteres Verständnis von Investition zur Grundlage zu machen.

Bezogen auf die Arbeit von Vereinen kann man sich eher an einem allgemeineren Verständnis von Investition orientieren. Es lohnt sich, entlang der Vereinsressourcen zu schauen, was als Investition aufgefasst werden kann. Die Vereinsressourcen machen das Leben eines Vereins erst möglich.

Eingesetzte Vereinsressource	Beispiele der Ressourcennutzung für das Vereinsziel
Finanzen	• finanziell aus den verfügbaren Mitteln des Vereins, z. B. Beiträge, Spenden • finanzielle Mittel aus speziell eingeworbenen Mitteln, wie Fördermittel bzw. Kreditaufnahme
Mitarbeit	• Zeitaufwand von engagierten Mitgliedern (unbezahlt) • Abordnung von bezahlten Mitarbeiter:innen für eine bestimmte auf längere Zeit angelegte Aufgabe
Infrastruktur, Materialien	• Einplanung von Vereinsräumlichkeiten für ein Investitionsprojekt, auch als finanzielle Belastung z. B. durch die Betriebskosten
Legitimationskapital	• Einbringen von Ansehen/Reputation für ein Investitionsprojekt

Tab. 5: Beispiele der Ressourcennutzung für Investitionsprojekte

Es geht also nicht nur um Geld, wenn man Investitionen von Vereinen anschaut, sondern insgesamt um den Einsatz von Ressourcen. Dabei ist der eingesetzte Wert oder Geldbetrag erst einmal nicht wichtig. Für einen Verein mit 10.000 Euro Haushaltsvolumen in einem Jahr sind 1.000 Euro schon ein ordentlicher Betrag. Wichtig für die Einschätzung als Investition ist, dass der Ressourceneinsatz

- auf einen längeren Zeitraum angelegt ist, d. h. diese Ressourcen sind über einen längeren Zeitraum gebunden. Im alltäglichen Sprachgebrauch wird das Wort »investieren« teils auch auf sehr kurzfristige Aktivitäten angewendet. »Okay, dann investiere ich morgen ein paar Stunden in die Vorbereitung für die nächsten Sitzung.« Das ist hier nicht gemeint. Zum Beispiel bei Einführung eines neuen Vereinsangebots mit einer Laufzeit von zunächst einem Jahr ist die betreffende Arbeitskraft, egal ob bezahlt oder unbezahlt, für diese Zeit gebunden. Damit besteht auch gleichzeitig eine Rahmenbedingung für die weiteren Vereinsaktivitäten, da diese Arbeitszeit dafür nicht mehr zur Verfügung steht. Entsprechendes gilt dann auch für eingeplante Räumlichkeiten des Vereins.
- eine Aussicht auf eine Verbesserung der Leistungsfähigkeit des Vereins bietet, die Investition sich in der Folgezeit »rentiert«.

Auf den Punkt

Ziel einer Investition im Verein ist letztendlich die Verbesserung der Vereinsleistungen im Hinblick auf das Vereinsziel.

Investitionen können zu verschiedenen Zeiten des Vereinslebens auftreten und verschiedene Auslöser haben. Die folgenden Begriffe geben einen Überblick, die Grenzen sind teils fließend.

- **Neuinvestition:** Anschaffungen, die dem Verein bisher nicht gegebene Möglichkeiten bieten; z. B. der Bau eines Vereinsheims, die Erstanschaffung einer Vereins-IT bzw. Computeranlage.
- **Ersatzinvestition:** Durch Alterung und/oder Abnutzung besteht der Bedarf, ein vorhandenes Investitionsgut zu ersetzen, z. B. Neuanschaffung eines Vereinsbusses, da der vorhandene nicht mehr durch den TÜV kommt.
- **Rationalisierungsinvestition:** Hauptanlass der Investition ist die Nutzung von wirtschaftlichen Vorteilen durch z. B. Modernisierung vorhandener Anlagen, etwa der Heizungsanlage im Vereinsheim. Eine Rationalisierungsinvestition kann auch erfolgen, wenn die alte Anlage rein technisch noch lauffähig ist.
- **Modernisierungsinvestition:** Es erfolgt die Investition in eine existierende Einrichtung, auch wenn die alte Anlage noch funktioniert. Es geht darum, das Angebot des Vereins zeitgemäß zu gestalten und den Mitgliedern bzw. Nutzer:innen ein modernes Angebot zur Verfügung zu stellen. Die Erweiterung der Vereins-IT zur Nutzung eines Vereinsportals (umfassendes Internetangebot zur Information und Vernetzung der Mitglieder) kann ein Beispiel sein, ebenso wie die Einrichtung von WLAN-Zugängen im Vereinsheim.
- **Attraktivierungsinvestition:** Zeitgemäße Verbesserung der Grundlagen für die Angebotserstellung und Vereinsarbeit, auch wenn die bisherigen Einrichtungen bzw. Anlagen noch funktionieren, z. B. Einrichtung eines Vereinsstudios für erweiterte Onlineangebote.

Rationalisierungs-, Modernisierungs- und Attraktivierungsinvestitionen haben zum Teil Überschneidungen, wobei die Rationalisierungsinvestition eher auf die Verbesserung der wirtschaftlichen Situation des Vereins abzielt, die Modernisierungsinvestition auf die qualitative Verbesserung bestehender Angebote und die Attraktivierungsinvestition auf die Erweiterung des Vereinsangebots.

Zwei Beispiele aus der Vereinspraxis

- Das alte Gebäude des Tierheims, das vom örtlichen Tierschutzverein getragen wird, ist marode. Im Frühjahr und Herbst wird es regelmäßig von Überschwemmungen bedroht. Ein Neubau an einem anderen Ort ist die angemessene Lösung (Investitionsvolumen ca. 400.000 Euro) → Ersatzinvestition.
- Ein Bürgerverein hat sich zur Aufgabe gemacht, den Ortseingang zu verschönern und an prominenter Stelle eine Skulptur aufzustellen (Investitionsvolumen ca. 40.000 Euro) → Neuinvestition.

Auf den Punkt

Eine Investition ist kein Schnellschuss, Fehlinvestitionen sind zu vermeiden!

Die Ausgangspunkte für solche Investitionen können sehr unterschiedlich sein. Da ist das lockere Gespräch bei einem Vereinsfest, das auf einmal zu ernsthaften Überlegungen für die Umsetzung einer spontanen Idee führt. Ebenso kann die Investition das Ergebnis einer Strategieüberlegung für den Verein sein, wie sie z. B. bei einer Klausurtagung erarbeitet wird. Oder Gesetzesänderungen führen zu der Notwendigkeit für den Verein, eine Investition auf den Weg zu bringen. Brandschutz und Energieeinsparung sind Beispiele aus der heutigen Zeit.

Der auf die ersten Überlegungen folgende Planungsprozess dient dazu, die Maßnahme genauer anzuschauen und die Erfolgsaussicht zu überprüfen. Drei grundlegende Aspekte spielen dabei eine Rolle (Abbildung 6):

- Konzept für die Maßnahme: Inhalt, Ziele und Vorteile der Investition für den Verein.
- Finanzielle Tragfähigkeit für den Verein einschließlich der Suche nach geeigneten Finanzquellen.
- Risikoanalyse im Hinblick auf mögliche Gründe für ein Scheitern der Investition und damit auf den Verlust der eingesetzten Ressourcen.

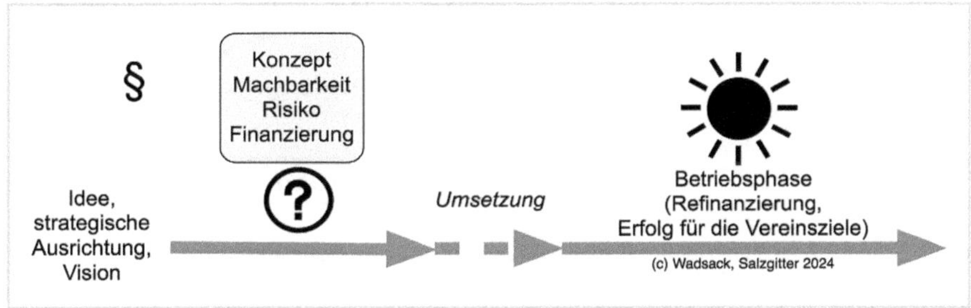

Abb. 6: Investition als Prozess in der Vereinsarbeit (Grafik: Wadsack)

Eine klare und fundierte Planung der Investitionsmaßnahme ist eine sehr gute Grundlage, um sowohl die Mitglieder als auch wichtige Partner des Vereins von einem Investitionsprojekt des Vereins zu überzeugen. Zudem gibt es eine gewisse Sicherheit für die Verantwortlichen des Vereins, alles in ihrer Macht Stehende erledigt zu haben, um mit dem Einsatz der Vereinsressourcen auf einem guten Weg zu sein. Je nach anstehenden Maßnahmen ist der Zeiteinsatz für einzelne Projektschritte zu berücksichtigen. Das Einholen von Gutachten oder Genehmigungen z. B. für einen Neu- oder Umbau kann eine längere Zeit in Anspruch nehmen (Abbildung 7).

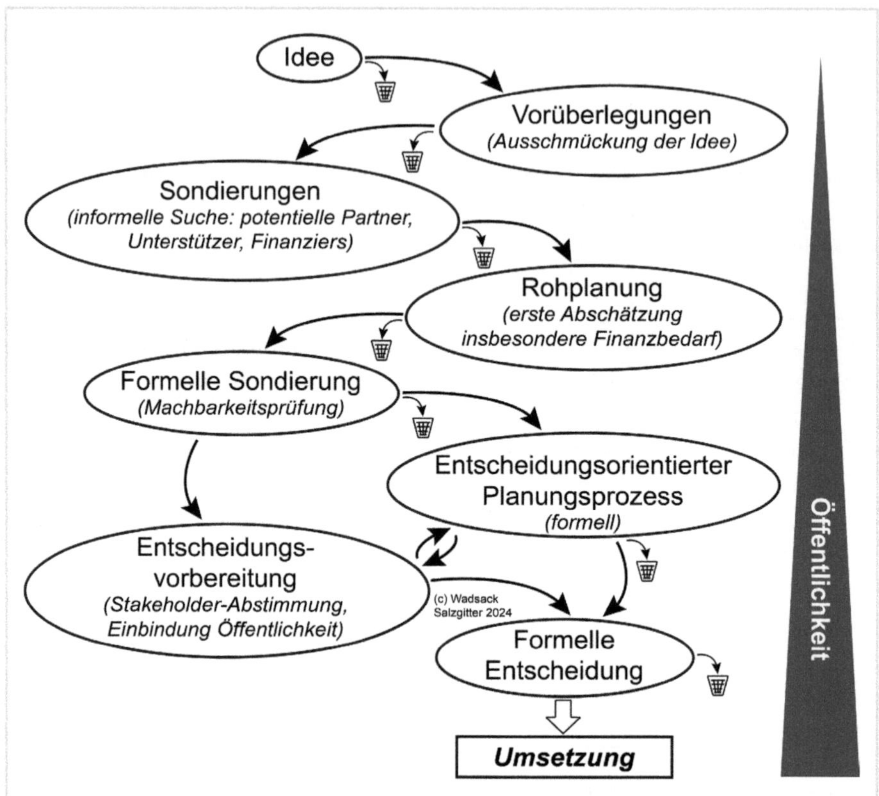

Abb. 7: Schematische Stufen für den Planungsprozess einer Vereins-Baumaßnahme (Quelle: Bielzer&Wadsack 2011, 65)

Selbst ein An- oder Ausbau am Vereinsheim oder die Umwidmung einer bisherigen Freifläche kann mit weitreichenden Vorbereitungsschritten einhergehen. Die kleinen Papierkörbe in der Grafik stehen dafür, dass die Planungen in jeder Stufe abgebrochen werden können, weil sich das Vorhaben als nicht umsetzbar erweist. Die einzelnen Schritte gehen mit einem Ressourceneinsatz für den Verein einher. Grundlegend ist der Zeiteinsatz der Mitarbeiter:innen zu beachten, ggf. verbunden mit Personalkosten. Für den Einsatz von Fachleuten können Honorare anfallen. Der Zeiteinsatz für Gespräche, Antragserstellung oder das Zusammenstellen von Daten darf nicht unterschätzt werden. Hinzu kommt die begleitende Öffentlichkeitsarbeit und die Einbindung der Mitglieder.

Ein Beispiel aus der Vereinspraxis

Für die Umgestaltung und Umnutzung eines größeren Raumes für die Vereinsarbeit in der 1. Etage des Gebäudes einer Kirchengemeinde musste zunächst ein Statiker beauftragt werden, um die Belastungsfähigkeit der Decke zu bewerten. Dafür mussten drei Monate eingeplant werden.

Auf den Punkt

Bei der Planung einer Investitionsmaßnahme muss Sorgfalt vor Schnelligkeit gehen.

Es ist auf jeden Fall sinnvoll, danach zu fragen, was schiefgehen kann. Verantwortungsvolles Handeln zeichnet sich auch dadurch aus, die Augen nicht vor möglichen Risiken oder sogar dem Scheitern zu verschließen. Der Ausfall von Geldgebern, das Auslaufen eines Förderprogramms, die Insolvenz eines beauftragten Handwerkers, das Wegbrechen von zugesagten Arbeitsstunden Ehrenamtlicher sind alles Beispiele, die schon einmal in Vereinen erlebt wurden.

Auf den Punkt

Es ist wichtig, die Augen nicht vor Risiken zu verschließen!

Für die Betriebs- bzw. Refinanzierungsphase muss mindestens die Erwirtschaftung

- der Betriebskosten (laufende Kosten für die sinnvolle Nutzung des Investitionsgutes),
- des Kapitaldienstes (Zins und Tilgung), wenn ein Darlehen aufgenommen wurde und
- der Abschreibungen als Indikator für den Wertverlust des Investitionsgutes

sichergestellt werden.

Begleitend muss das Controlling aufgebaut und in das Vereinscontrolling integriert werden. Der Aufwand richtet sich selbstverständlich wiederum nach der Größe der Investition und des Vereins. Dabei muss immer wieder geprüft werden, ob die geplanten Wirkungen der Investition wirklich eintreten. Ansonsten muss eine Anpassung der Arbeitsweise erfolgen.

Letztlich ist es sinnvoll, z. B. ein Jahr nach dem Start der Betriebsphase, eine genauere Bestandsaufnahme vorzunehmen, inwieweit die Wirkungen der Investition den Erwartungen entsprechen. Je nach dem Ergebnis ist zu prüfen, ob die Maßnahme fortgeführt wird, Anpassungen erfolgen müssen oder die Investition sogar aufgegeben wird. Letzteres ist allerdings eine sehr unglückliche Situation, da die bislang eingesetzten Ressourcen zumindest teilweise nicht mehr zurückgeholt werden können.

3.1.3.2 Die Finanzplanung für die Investition

Die finanzielle Planung einer Investition ist eine zentrale Aufgabe vor der Investitionsentscheidung. Schließlich ist die Finanzbelastung des Vereins maßgeblich für sein Überleben. Die finanzielle Investitionsplanung erfolgt in drei Schritten:

1. **Ermittlung des Investitionsbedarfs:** Wie viel Geld benötigen wir für die Investition?
2. **Ermittlung der Investitionsfinanzierung:** Woher bekommen wir das Geld für die Investition und unter welchen Bedingungen?
3. **Ermittlung der Belastung für den Verein:** Welche finanzielle Belastung wird auf den Verein in den nächsten Jahren aus der Finanzierung zukommen?

Angenommen, ein Naturfreundeverein möchte seine Vereinsräume von Grund auf modernisieren, so gilt es zunächst, die notwendigen Ausgaben zusammenzustellen.

Schritt 1 – Ermittlung des Investitionsbedarfs

Beispiel: Naturfreundeverein	
Maßnahme	**Geplante Kosten**
Erneuerung der Möblierung (Stühle, Tische)	6.000 Euro
Erneuerung der Küchenzeile	9.000 Euro
Fußboden (Laminat)	4.000 Euro
Anstrich (Wände, Decke)	3.500 Euro
Gesamtsumme	**22.500 Euro**

Tab. 6: Ermittlung des Investitionsbedarfs

Ist der Gesamtbetrag bekannt, muss noch einmal abgewogen werden, ob bei den Kosten irgendwelche Risiken verborgen sind. Außergewöhnliche Preissteigerungen können z. B. eine ursprünglich gute Investitionsplanung schnell ins Wanken bringen. In der jüngsten Vergangenheit prägen Preissteigerungen durch Lohn- und Energiekosten den Umgang mit Bau- und Handwerksprojekten deutlich.

Ein Beispiel aus der Vereinspraxis

Ein Verein hatte von der Kommune ein Freibad zum Betrieb übernommen und ein Investitionskonzept für die Sanierung erarbeitet. Im Laufe der langwierigen Vorgespräche zur Sicherung der Finanzierung stiegen die Stahlpreise enorm an. Die notwendigen Stahlplatten für die Auskleidung des Schwimmerbeckens wurden um ca. 20 Prozent teurer und machten eine Neuplanung der Finanzierung erforderlich.

Auf den Punkt

Vorsicht bei »Freundschaftsdiensten«. Werden beispielsweise Arbeiten an eine:n Bekannte:n vergeben, der oder die einen »guten Preis« verspricht, kann dies Ärger bei der Mitgliederversammlung geben (Stichwort »Vetternwirtschaft«). Grundsätzlich sollte vor der Vergabe von Aufträgen immer mehr als ein Angebot eingeholt werden.

Schritt 2 umfasst die Zusammenstellung der Finanzierungsquellen. So können die daraus resultierenden Kosten bei der Investitionsbetrachtung und -entscheidung berücksichtigt werden.

Schritt 2 – Ermittlung der Investitionsfinanzierung

Finanzquelle	Euro	Risikoabschätzung
Investitionsbetrag	22.500	
Rücklage des Vereins	–4.000	Sicher, da vorhanden
Sach- und Geldspenden der Mitglieder und anderer Menschen aus dem Vereinsumfeld	–1.500	Schätzung aufgrund von ersten Gesprächen, mittlere Sicherheit
Eigenleistung von Mitgliedern (z. B. Malerarbeiten)	–2.000	Schätzung aufgrund von ersten Gesprächen, mittlere Sicherheit
Zuwendung Bürgerstiftung	–1.500	Voranfrage erfolgt, Chance: gut
Zuwendung Dachverband	–2.000	Voranfrage erfolgt, Chance: gut
Zinsloses Darlehen eines Mitglieds	–5.000	Zusage liegt vor, Mitglied zuverlässig, sicher
Zwischensumme (Restfinanzierung)	6.500	
Bankdarlehen	–6.500	Bei Bürgschaft durch Mitglied möglich

Tab. 7: Ermittlung der Investitionsfinanzierung

Aus dieser Übersicht lassen sich die Finanzierungsoptionen für die Modernisierung entnehmen. Im eigentlichen Sinne der Investition werden der Zugriff auf die Rücklage, die Eigenleistungen der Mitglieder und die beiden Darlehen als eigene Ressourcen des Vereins genutzt – entweder unmittelbar bei der Durchführung der Maßnahme oder in der Folgezeit bei den Rückzahlungen.

Es werden auch die Risiken aufgezeigt. Solange Geld nicht auf dem Vereinskonto eingegangen ist, kann noch etwas dazwischenkommen. In unserem Beispiel:

- Spender: Veränderung der Lebenssituation, Zusage voreilig
- Eigenleistung: zeitliche Verfügbarkeit zu den festgelegten Terminen nicht vorhanden, Erkrankung, Überlastung

Welche Konsequenzen ergeben sich daraus für den Verein?

- Spenden und Eigenleistungen beruhen auf Zusagen, deren Einhaltung sich erst in der Zukunft bzw. zum Einsatzzeitpunkt zeigen wird.
- Die beiden Zuwendungen (Bürgerstiftung, Dachverband) sind nicht zurückzuzahlen.
- Das Darlehen des Mitglieds ist zwar nicht zu verzinsen, die Rückzahlung muss jedoch gesichert werden. Angenommen, es ist eine Laufzeit von zehn Jahren vereinbart, bedeutet dies eine monatliche Belastung für den Verein von ca. 42 Euro (5.000 : 10 : 12) oder im Jahr von 500 Euro.
- Das Bankdarlehen muss regulär bedient werden. Bei einer Summe von 6.500 Euro und einer Laufzeit von sieben Jahren gibt es z. B. ein Bankangebot zu einem effektiven Zins von 4,99 %. Dies führt zu monatlichen Raten von knapp 92 Euro. Das Gesamtvolumen des Darlehens beträgt dann knapp 7.702 Euro.

Bei der Realisierung einer Vereinsinvestition spielt der Einsatz von Mitarbeiter:innen mit unentgeltlichen Arbeitsstunden häufig eine wichtige Rolle, um auf diesem Wege Geld einzusparen bzw. nicht ausgeben zu müssen. Eigenleistungen können auch einen eigenen Finanzierungsanteil abdecken, wenn die Förderbedingungen dies ermöglichen. Die so übernommenen Verpflichtungen müssen sowohl vom Umfang her als auch von den geforderten Qualifikationen für die einbezogenen Vereinsakteur:innen tragbar sein.

Auf den Punkt

Bei der Kalkulation einer Investition sollten die Eigenleistungen vorsichtig angesetzt werden. Häufig werden zunächst Zusagen gemacht, die aber im »Ernstfall« nicht eingehalten werden.

Aus den Werten im Beispiel ergibt sich die Belastung des Vereins, wobei vorausgesetzt wird, dass die Zusagen für Zuwendungen, Spenden und Arbeitsleistungen eingehalten werden. Zu der Belastung aus der Finanzierung kommt für den Verein die Notwendigkeit, die sonstigen Kosten des Vereinsbetriebs abzudecken.

Bei der Belastung für den Verein ist zu berücksichtigen, dass angeschaffte Geräte oder Bauten ihren Wert über die Zeit verlieren. Durch »Abschreibungen« wird dies in der Buchhaltung und Kostenrechnung berücksichtigt.

Für die Abschreibungen kann man sich an den steuerlich akzeptierten Richtwerten orientieren oder eine eigene Nutzungsdauer festlegen. Der Gedanke ist, dass die Investition nach Ablauf der Nutzungsdauer erneuert bzw. ersetzt werden muss und das Geld dafür während der Nutzungsdauer zu erwirtschaften ist.

Auf den Punkt

Abschreibungen geben wichtige Hinweise auf die Notwendigkeit von Rücklagen für den Verschleiß von Sachgütern und den nachfolgenden Bedarf einer Neuanschaffung.

Im Beispiel oben sind Möbel und eine Küchenzeile enthalten. Wir nehmen an, dass diese für den Verein 15 Jahre lang gut nutzbar sind. Wenn sich die Anschaffung einschließlich der Tische und Stühle insgesamt auf 15.000 Euro beläuft, bedeutet dies bei der linearen (jedes Jahr mit dem gleichen Betrag erfolgenden) Abschreibung einen Jahresbetrag von 1.000 Euro, der – folgt man dem Grundgedanken oben – zusätzlich erwirtschaftet werden muss.

Letztlich ist es für die zukünftigen Wirtschaftsjahre des Vereins wichtig, die künftige Belastung für den Verein in den Blick zu nehmen.

Schritt 3 – Ermittlung der Belastung für den Verein (Umsetzung Anfang 2024)

Belastung des Vereins in Euro pro Jahr	2024	2025	2026	2027	2028	2029	2030	...	2033
Rückzahlung zinsloses Darlehen	500	500	500	500	500	500	500		500
Rückzahlung Bankdarlehen	1.104	1.104	1.104	1.104	1.104	1.104	1.078		0
Summe Investitionsfinanzierung	**1.604**	**1.604**	**1.604**	**1.604**	**1.604**	**1.604**	**1.578**		**500**

Tab. 8: Ermittlung der Belastung für den Verein

Jährlich muss der Verein mit einer Belastung von zunächst 1.604 Euro rechnen, ein Betrag, der sich ab dem Jahr 2031 auf 500 Euro vermindert. Mit der letzten Rate im Jahr 2033 sind schließlich alle Schulden abgetragen.

Würde man nun die Abschreibung für die Möbel und die Küchenzeile von 1.000 Euro pro Jahr berücksichtigen, müsste der Betrag zumindest von der Idee her pro Jahr in eine Rücklage eingezahlt werden und würde zusätzlich als Belastung zu Buche stehen. Damit wäre ein finanzieller Grundstock für eine Ersatzbeschaffung nach den 15 Jahren verfügbar. Beachtet man die Abschreibung nicht und die Küchenzeile ist nach 15 Jahren wirklich marode, muss eine Ersatzinvestition komplett neu aus dem Boden gestampft werden.

Mit kritischem Blick auf die Vereinsfinanzen ist insgesamt zu prüfen, ob der Verein sich die jährliche Belastung leisten kann. Auch Betrachtungen zu Risiken in der Gesamtplanung des Vereins sind zu beachten. Einbrüche bei den Mitgliedsbeiträgen bzw. bei bisher regelmäßig geflossenen Zuwendungen oder Misserfolge bei einem neuen Vereinsangebot können schnell ein Loch in die Kasse reißen.

Das oben Gesagte ist als Plädoyer für eine umsichtige und für den Verein selbstkritische Vorbereitung einer Investition zu verstehen. Gelingt diese und die Vereinsarbeit verbessert sich deutlich, ist ein wichtiger Schritt in Richtung Zukunftsfähigkeit gelungen.

3.2 Liquiditätsmanagement

Einer der zentralen Auslöser für den Untergang von Vereinen, genau wie für Wirtschaftsunternehmen und andere Organisationen, ist die fehlende Liquidität. Das bedeutet im Klartext: Die Rechnungen können zum Zeitpunkt der Fälligkeit nicht bezahlt werden. Das kann einmal aus Versehen passieren. Es kann sein, dass es eine kurzfristige Unterdeckung bei den Vereinsfinanzen gibt und über eine Bitte um Aufschub der Zahlung ein wenig mehr Zeit eingeräumt wird. Für das Image des Vereins und das Vertrauen als Geschäftspartner ist dies allerdings nicht gut.

Auf den Punkt

Die pünktliche Zahlung von Rechnungen ist ein Merkmal für den Aufbau bzw. die Aufrechterhaltung von Vertrauen.

Im Grunde geht es darum, anstehende Zahlungen, z. B. für den Zeitraum eines Jahres, den verfügbaren Finanzbeständen mit der jeweiligen Fälligkeit gegenüberzustellen. Daraus wird schon frühzeitig erkennbar, wo eventuell Unterdeckungen auftreten werden, und es kann rechtzeitig ein Ausgleich gefunden werden. Im folgenden Beispiel erfolgt diese Liquiditätsplanung monatlich. Je mehr Transaktionen in einem Verein stattfinden, ist auch eine wöchentliche oder sogar tägliche Betrachtung möglich. Moderne Software unterstützt diese Arbeit.

Monat	Zugänge	Abgänge	Saldo	Liquiditätsstatus
alle Beträge in Euro				
Vortrag aus Dezember 2023				+590
2024				
Januar	+3.080 Beiträge	–700 Minijob –300 Miete	+2.080	+2.670
Februar	+200 Verband	–700 Minijob –300 Miete	–1.000	+1.670
März		–700 Minijob –300 Miete –900 Verband	–1.900	–230
April	+3.080 Beiträge	–700 Minijob –300 Miete	+2.080	+1.850
Mai		–700 Minijob –300 Miete	–1.000	+850
Juni		–700 Minijob –300 Miete	–1.000	–150
Juli	+3.080 Beiträge	–700 Minijob –300 Miete	+2.080	+1.930
August		–700 Minijob –300 Miete	–1.000	+930
September		–700 Minijob –300 Miete –400 Versicherungen	–1.400	–470
Oktober	+3.080 Beiträge	–700 Minijob –300 Miete	+2.080	+1.610
November		–700 Minijob –300 Miete	–1.000	+610
Dezember	+1.000 Spende	–700 Minijob –300 Miete	+/–0	+610

Tab. 9: Schema einer Liquiditätsrechnung

Bei dieser Berechnung werden die echten Zahlungstermine berücksichtigt, im Vertrauen darauf, dass die Eingänge auch zu den geplanten Zeitpunkten beim Verein ankommen. Wie aus dem Beispiel ersichtlich, gibt es im Jahresverlauf drei Unterdeckungen in der Liquidität.

Eine einfache Möglichkeit, dieser absehbaren Lücke aus dem Weg zu gehen, wäre die Umstellung des Beitragssystems mit der Option der jährlichen Beitragszahlung (siehe auch Kapitel 4.2). Wenn sich zumindest ein Teil der Mitglieder darauf einlässt, kann dies zu Jahresbeginn ein Finanzpolster erbringen, welches das Auftreten von Liquiditätslücken vermeidet oder zumindest reduziert.

Auf den Punkt

Eine jährliche Beitragszahlung kann ein gutes Finanzpolster schaffen.

Weitere Optionen sind:

- frühzeitig mit dem Zahlungsempfänger eine Verschiebung des Zahlungstermins abstimmen
- mit der Bank eine Kontoüberziehung klären

3.3 Kostenanalyse – Kostenrechnung

Aus betriebswirtschaftlicher Sicht ist eine Kostenrechnung ein Standardinstrument. Sie soll die Frage beantworten, wie viel Geld z. B. in ein Produkt oder ein Leistungsangebot fließt. Dies ist die Basis für die Preisbildung. Dazu gibt es ausgefeilte und erprobte Instrumente. Vereine haben in vielen Fällen nicht die Notwendigkeit, regelmäßig Preise zu bestimmen, auch wenn Beiträge letztendlich in Verbindung mit den anderen Finanzquellen kostendeckend sein müssen. Zudem kommt die ehrenamtliche Arbeit als unentgeltliche Größe mit ins Spiel.

Wenn jedoch Einsparungen nicht mehr vermieden werden können oder Leistungen z. B. im Rahmen einer geförderten Projektarbeit »kostendeckend« sein sollen, um den übrigen Vereinshaushalt nicht zu belasten, kommt man um die nähere Betrachtung der Kosten nicht herum.

Auf den Punkt

In manchen Fällen müssen auch Vereine ihre Kosten für Leistungen genauer bestimmen.

Wenn es darum geht, z. B. für eine Durchforstung und Neuausrichtung des Vereinshaushalts einmalig genauer auf die Kosten zu schauen, kann eine Kostenanalyse durchgeführt werden. Arbeitet der Verein häufig mit Projekten und der Erstellung von Leistungen für Nichtmitglieder, dann kann auch die Einrichtung einer »klassischen« Kostenrechnung – als in Verbindung mit der Buchhaltung kontinuierlich anzuwendendes Instrument – sinnvoll sein. Einige grundlegende Hinweise zur Kostenrechnung haben wir im Anhang 2 zusammengestellt, damit ein Eindruck von den wohl bekanntesten Formen der Vollkostenrechnung und der Teilkostenrechnung gewonnen werden kann. Ausgiebige Beschreibungen finden sich in der betriebswirtschaftlichen Fachliteratur, z. B. bei Coenenberg u. a. 2023 oder spezieller für Vereine bei Daumann/Esipovich 2016. In diesem Kapitel konzentrieren wir uns auf die Kostenanalyse als vereinfachte Form und Einstieg.

3.3.1 Kostenanalyse – die Grundlagen

Mit einer Kostenanalyse kann man einen ersten Eindruck von den Kosten und möglichen Einsparungen erhalten. Die Kostenanalyse ist als einzelne Maßnahme zu sehen.

Spätestens wenn finanzielle Schwierigkeiten für den Verein erkennbar werden, muss man genauer hinschauen. Und neben dem Blick auf die Einnahmen müssen dann auch die Ausgaben unter die Lupe genommen werden – und zwar genau. Mit der Kostenanalyse bekommt der Vorstand einen näheren Aufschluss über die derzeitige Kostenverursachung. An dieser Stelle reicht das Bauchgefühl, über das jede gute Vereinsführungskraft verfügt, nicht mehr aus.

Auf den Punkt

Unangenehmen Finanzsituationen sollten die Verantwortlichen nicht aus dem Weg gehen, sondern aktiv werden!

Die Basis für die Kostenanalyse ist die aktuelle Vereinsbuchführung mit dem zugrunde liegenden Kontenplan.

Auf den Punkt

Wenn die Finanzlage des Vereins kritisch ist, ist das für eine Kostenanalyse investierte Engagement gut angelegt.

Für das Vorgehen bei der Kostenanalyse sind folgende vier Schritte erforderlich:

	Arbeitsschritt	Leitfrage
1	Kostenentstehung identifizieren (Kap. 3.3.2)	Wofür geben wir Geld aus?
2	Anlagegüter bewerten (Kap. 3.3.2)	Welche Belastung sieht man nicht direkt?
3	Kosten zuordnen (Kap. 3.3.3)	Für welche Aufgaben des Vereins entstehen die Kosten?
4	Kostensituation optimieren (Kap. 3.3.4)	Welche Möglichkeiten haben wir, mit weniger Kosten auszukommen?

Tab. 10: Schema einer Kostenanalyse

3.3.2 Kostenentstehung identifizieren

Der Verein tut so, als ob er eine Kostenrechnung hätte – zumindest einigermaßen. Dazu müssen einige Vorbereitungen getroffen werden. Zunächst ist zu klären, über welche Leistungsbereiche und Angebote der Verein verfügt. Das kann der Einführungskurs für Mitglieder der Kinderfeuerwehr sein oder die Naturwanderung für interessierte Gäste, um nur zwei Beispiele zu nennen. Bei einem Tafelverein wäre es das ausgegebene Essenspaket oder der jeweilige Kundenkontakt. Die Leistungsbereiche und Angebote verursachen letztendlich die Kosten bzw. den Einsatz der Vereinsressourcen. Dabei ist es unerheblich, ob es sich um einen ideellen oder einen wirtschaftlichen Bereich handelt. Für alle gilt gleichermaßen: Die notwendigen finanziellen Ressourcen müssen durch die Einnahmen des Vereins gedeckt werden – natürlich immer unter den steuerrechtlich für die Gemeinnützigkeit geltenden Regeln.

Auf den Punkt

Bei allen Überlegungen zu Finanzen und Kosten müssen die Regeln der Gemeinnützigkeit eingehalten werden.

Die Stellen der Kostenentstehung können, wie eben schon angedeutet, z. B. Abteilungen, Angebotsgruppen des Vereins, Kurse oder Veranstaltungen sein. Hinzu kommen allgemeine Kosten, die für alle Vereinsangebote anfallen. Ein typisches Beispiel sind die Kosten für die Geschäftsstelle.

In einem weiteren Schritt müssen die Investitionsgüter erfasst und bewertet werden. Dies hört sich mehr nach einem Industriebetrieb an, meint aber alle Einrichtungen, Maschinen und Anlagen, die ihren Wert über Zeit verlieren und dem Verein gehören. Dieser Wertverlust wird über die Abschreibung erfasst. Zum Beispiel Möbel und eine Küchenzeile, wie schon in dem Kapitel zu den Investitionen (Kap. 3.1.3) angesprochen.

Es werden außerdem die »geringwertigen Wirtschaftsgüter« erfasst, die bei der Anschaffung maximal einen Nettobetrag von 250 Euro kosteten. Sie gehen im Anschaffungsjahr komplett in die Kostenbetrachtung ein. Bis zu einem Nettobetrag von 800 Euro gelten besondere Regeln, die an dieser Stelle nicht weiter dargestellt werden.

In der klassischen Form der Einnahmenüberschussrechnung »verschwindet« der Merkposten »Anlagegüter« nach dem Jahr der Anschaffung.

Auf den Punkt

Ohne die Abschreibungen geraten die Wiederbeschaffungskosten für Anlagegüter aus dem Blick.

Ein Beispiel aus der Vereinspraxis

Wurde im Jahr 2023 eine Computeranlage gekauft und ohne Kredit finanziert, erscheint diese im Haushalt und der Einnahmenüberschussrechnung 2023 und ist dann maximal noch in der Anlagenliste zu finden. Aber: Die Computeranlage verliert an Wert. In drei bis vier Jahren ist sie veraltet und eigentlich müsste der Verein Geld auf der hohen Kante haben, um sie durch eine neue zu ersetzen. Davor ist auch ein gemeinnütziger Verein nicht gefeit.

Und: Die Vereinsbereiche profitieren in verschiedener Form von diesen Anlagegütern. Insofern müssen die Abschreibungen als anteiliger Wertverlust auch den Vereinsleistungen zugerechnet werden.

Um die Lebensdauer einschätzen zu können, ist eine Orientierung an den steuerlichen Richtsätzen möglich.

Auf den Punkt

Auf der Seite des Bundesfinanzministeriums ist eine Übersicht zu allgemeinen Anlagegütern und eine Auswahl an Sondertabellen zu finden: https://www.bundesfinanzministerium.de/Web/DE/Themen/Steuern/Steuerverwaltungu-Steuerrecht/Betriebspruefung/AfA_Tabellen/afa_tabellen.html (letzter Zugriff: 03.01.2024)

Gebäude können z.B. innerhalb von 40 bis 50 Jahren abgeschrieben werden, Notebooks und Computer innerhalb von drei Jahren. Diese Werte sollen die betriebsgewöhnliche Nutzungsdauer widerspiegeln. Pro Jahr wird dann ein gleichbleibender Prozentsatz als Kosten angerechnet. Es gibt auch noch andere Berechnungsformen, die hier nicht betrachtet werden sollen.

3.3.3 Kostenzuordnung

Nun folgt die nächste Aufgabe: Die einzelnen, im vorherigen Jahr entstandenen Kosten des Vereins sind auf die Leistungsbereiche zu verteilen. Es hat sich in der Praxis der Kostenanalyse als hilfreich erwiesen, hierzu die Einzelbelege des zu betrachtenden Geschäftsjahres bzw. die Einzelpositionen aus der Buchhaltung zu nutzen. In Abbildung 8 ist eine vereinfachte Skizze für Beispiele der anstehenden Verrechnungsaufgabe zu sehen.

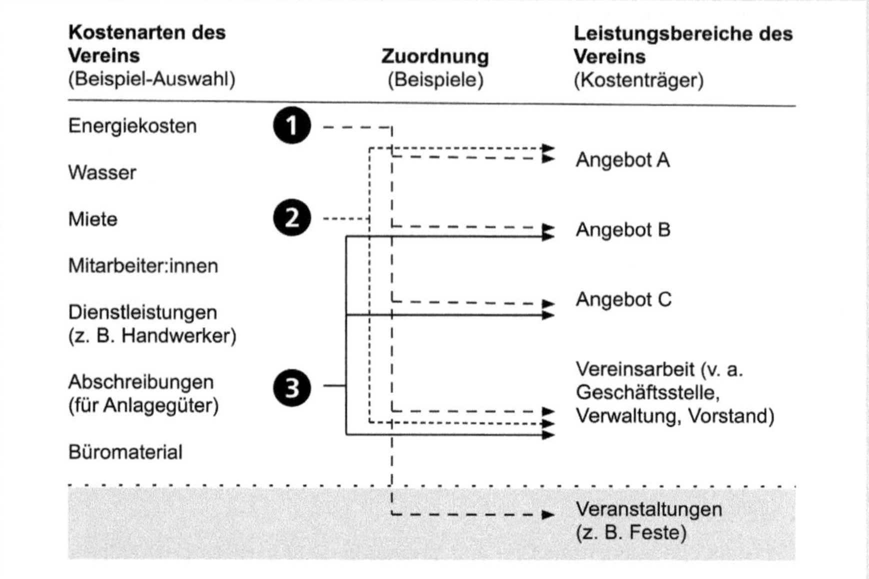

Abb. 8: Beispiel für eine einfache Kostenzuordnung

In der Skizze sind drei Beispiele zu sehen, welche die Kostenverteilung zumindest andeuten. Die Angebote A bis C stehen für eine Gruppe von Leistungen. Dies können z. B. die einzelnen Gruppen der Vereinsarbeit (Anfänger, Fortgeschrittene, Leistungsklasse) sein, die betreut werden.

- Die Energiekosten fallen für alle Bereiche an.
- Die Miete bezieht sich auf alle Bereiche, für die kein selbst gebauter Gebäudeteil genutzt wird.
- Die Abschreibungen beziehen sich auf die Immobilien und Geräte, die im Vereinseigentum sind.

Die Kostenpositionen aus dem letzten Geschäftsjahr werden in zwei Kategorien sortiert:

- direkt einem Leistungsbereich zuzuordnen
- nicht direkt einem Leistungsbereich zuzuordnen

Kosten für Mitarbeiter:innen können meist direkt den einzelnen Vereinsangeboten bzw. -bereichen zugeordnet werden. Die Reparatur am höhenverstellbaren Arbeitstisch kann zum Beispiel direkt der Geschäftsstelle zugerechnet werden. Dann gibt es da aber noch die Posten auf unserer Liste, die nicht ohne Weiteres direkt zugeordnet werden können.

Dazu bedarf es möglichst einfacher, aber plausibler Verrechnungsgrößen. Beispiele enthält die folgende Liste. Die leitende Frage dabei ist immer, wovon die Kostenentstehung jeweils abhängig ist, z. B. von der Zahl der Teilnehmer:innen, der Zahl der Veranstaltungen oder der Raumgröße.

Kosten(arten) des Vereins	Verteilungsschlüssel (Beispiele)
Energiekosten (Strom, Gas)	• Raumgrößen • Nutzungsanteil der Räumlichkeiten in Stunden
Wasser	• Nutzerzahlen für einzelne Angebote • Hilfsweise: Nutzungsanteil der Räumlichkeiten in Stunden
Büromaterial	• Gleichmäßig auf alle Leistungsbereiche verteilen, z. B. anteilig nach den schon direkt zugeordneten Einzelkosten
Kommunikation (Telefon, Internet, Porto)	• Gleichmäßig auf alle Leistungsbereiche verteilen, z. B. anteilig nach den schon direkt zugeordneten Einzelkosten
Miete	• Nutzungsanteil der gemieteten Räumlichkeiten in Stunden
Abschreibungen	• Verteilung gemäß Liste

Tab. 11: Beispiele für die Verteilung von Kosten ohne direkte Zuordnung

Beim Einsatz eines Steuerberaters für die Vereinsbuchhaltung mit Jahresabschluss und Steuererklärung kann die Zurechnung zur Vereinsführung/Geschäftsstelle erfolgen, da die Aufwendungen den gesamten Verein betreffen. Oder man schlüsselt den Betrag über eine Verrechnungsgröße auf die Angebote auf. Für eine normale Kostenanalyse würde die Zurechnung zur Vereinsführung ausreichen.

Auf den Punkt

Es nützt nichts: Für eine gute Kostenanalyse müssen die wirtschaftlichen Aktivitäten des Vereins akribisch aufgearbeitet werden.

Bei genauerer Betrachtung der Verteilungsliste ist zu erkennen, dass die Kostenzuordnung zum Teil sehr grob ausfällt. Dies ist dem Ziel geschuldet, dass die Kostenanalyse schnell und mit vertretbarem Aufwand erfolgen soll. Mit einem kaufmännischen Blick wird auch leicht zu sehen sein, dass eine solche Betrachtung keine Kosten- und Leistungsrechnung ersetzen kann.

3.3.4 Kostenoptimierung – Kostenmanagement

Dennoch lassen sich auf dieser sehr groben Basis Überlegungen zur Verbesserung der Finanzsituation eines Vereins anstellen. Bei dem kleinen Beispiel (Abbildung 8) waren ja v. a. die einzelnen Angebote Verursacher der Kosten. Hinzu kam die Vereinsführung mit der Geschäftsstelle.

Tipp

Die Mitarbeiter:innen in den einzelnen Leistungsbereichen im Verein wissen durch ihre Arbeit am ehesten, wo etwas gespart werden kann. Sie sollten auf jeden Fall eingebunden werden. Sie müssen die beschlossenen Maßnahmen ja später auch akzeptieren und mittragen.

Folgende Überlegungen können angestellt werden, wenn die Kostensituation als nicht zufriedenstellend angesehen wird:

- Zusammenlegung von Gruppen
- günstigere Optionen für die Raumnutzung suchen
- Erhöhung der Beiträge, Suche nach Zuschussmöglichkeiten

Auf den Punkt

Immer wenn die Subventionierung eines Arbeitsbereichs durch Einnahmen aus einem anderen Bereich (ideeller Bereich, Zweckbetrieb, wirtschaftlicher Geschäftsbetrieb, Vermögensverwaltung) erfolgen soll, muss dies vor dem Hintergrund der Gemeinnützigkeit auf Zulässigkeit überprüft werden.

Die genannten Beispiele sind natürlich eher abstrakt. Aber es kann innerhalb des Vereins auf jeden Fall erfolgreicher diskutiert werden, wenn entsprechende Daten vorliegen, als wenn die Kostensituation eher »vermutet« wird. Insbesondere bietet eine auf Fakten beruhende Bewertung der Lage des Vereins die Chance auf Vermeidung von persönlichen Angriffen oder nicht fundierten, mehr von Emotionen geleiteten Entscheidungen.

Auf den Punkt

Es gilt, vorgesehene Kürzungen auf ihre Auswirkungen hinsichtlich der Kosten und Einnahmen zu prüfen.

Bei allen Maßnahmen sollte Augenmaß herrschen: Die Kürzung oder Streichung eines vorhandenen Angebots kann wiederum auf der Einnahmenseite zu Veränderungen führen. Das muss abgeschätzt werden. Selbstverständlich müssen die mit den einzelnen Arbeitsbereichen des Vereins erzielten Einnahmen den Ausgaben gegenübergestellt werden. Nicht jeder Vereinsbereich allerdings muss für sich kostendeckend arbeiten. Wenn es sich aus der Strategie des Vereins ergibt, kann auch die Subventionierung eines Bereichs durch einen anderen normal und sinnvoll sein. Wie schon erwähnt: immer unter Einhaltung der steuerrechtlichen Regeln der Gemeinnützigkeit.

Eine begleitende Vereinskommunikation an die Mitglieder und Nutzer:innen der Vereinsangebote sollte Transparenz schaffen und für Akzeptanz werben.

Tipp

Eine gezielte Kommunikation in die vereinsinterne und -externe Öffentlichkeit hilft, Änderungen in der Vereinsarbeit plausibel zu machen. Die Mitglieder und Nutzer:innen der Vereinsangebote werden darüber informiert, dass es sich um eine gründlich durchdachte Maßnahme des Vereins handelt. Die Entscheidungen können auch bis zu Politik und Verwaltung gelangen und für Transparenz sorgen.

Im Alltagsbetrieb des Vereins sollte der Aspekt »Kosten« immer eine Rolle spielen, wenn es geht, aber keine wichtigen Vereinsaktivitäten verhindern.

Auf den Punkt

Bei allen Kostenüberlegungen sollte immer der Nutzen der jeweiligen Aktivität für die Mitglieder oder Leistungsempfänger:innen des Vereins im Blick behalten werden.

Weitere Ansatzpunkte des Kostenmanagements sind

- die Nutzung von Rabatten, eventuell auch über eine Einkaufsgemeinschaft mit anderen Vereinen,
- das Überprüfen von Preisen bei Lieferverträgen, z. B. Energie oder Kommunikation, und eventuell ein Anbieterwechsel,
- Miete oder Leasing statt Kauf von Geräten für die Vereinsarbeit und
- die Überprüfung der Abläufe (Prozesse) im Verein auf unnötige oder überholte Arbeitsweisen; Straffung, Modernisierung und eventuell Digitalisierung können Ansatzpunkte für Einsparungen sein (siehe zu organisatorischen Fragen auch Wadsack 2021).

Tipp

Eine weitere Option bietet die Nutzung von kostenfreien bzw. kostengünstigen Angeboten aus dem Internet:

- **Software:** Angebote mit Textverarbeitung, Tabellenkalkulation und Präsentationssoftware; Grafik und andere Themen: verschiedene Anbieter
- **Bilder/Grafiken:** fertige Bilder und Grafiken: verschiedene Anbieter
- **GEMA-freie bzw. gemeinfreie Musik,** natürlich keine Chart-Titel.

Suchen Sie im Internet nach den entsprechenden Begriffen (z. B. Textverarbeitung kostenlos, Bilder kostenlos, Musik gemeinfrei). Achten Sie bei allen Angeboten genau auf die Nutzungsbedingungen.

3.4 Controlling

Grob gesagt dient Controlling dazu, die Planung und die Entwicklung gegenüberzustellen. Damit sollen Informationen zur Steuerung des Vereinsbetriebs erzeugt werden. Sie werden v. a. dann wichtig, wenn es Abweichungen gibt – egal ob positiv oder negativ. Über geeignete Kennzahlen können Entwicklungen deutlich herausgearbeitet werden, die sonst unter Umständen nur zufällig erkannt werden.

Auf den Punkt

Controlling muss für den einzelnen Verein sinnvoll aufgebaut sein!

Ohne hier eine ausführliche Darstellung eines Controllingsystems vorzunehmen, soll der Blick auf einige Kennzahlen gelenkt werden, die für Vereine sinnvoll sein können (Tabelle 12). Je nach Bedarf können auch andere Kennzahlen spezifisch für den eigenen Verein entwickelt werden. Wichtig ist, dass die Auswahl für den eigenen Verein hilfreich ist und zentrale Aspekte der Vereinsführung abdeckt. Grundsätzlich können zwei Ausgangspunkte zur Orientierung genutzt werden:

- **die Zielsetzung des Vereins:** Je nach Ausrichtung des Vereins kann es
  - die Mitgliederzahl sein, ggf. weiter untergliedert nach Alter oder Geschlecht;
  - die Teilnahmequote an einzelnen Vereinsangeboten für Mitglieder sein;
  - die Anzahl der Vereinsleistungen sein, die durch den Verein Außenstehenden zur Verfügung gestellt werden, z. B. die Zahl der Schulungs- oder Veranstaltungsteilnehmer:innen oder die Zahl der beratenen Menschen.
- **die Vereinsressourcen:** Entsprechend dem Ressourcenmodell (Abbildung 2) sind die einzelnen Lebensgrundlagen des Vereins abzubilden.

Bei der Entwicklung eines Controllingwerkzeugs sind einige Grundregeln zu beachten:

- Die Aussagekraft von Kennzahlen hängt von der damit abgebildeten Beziehung ab.
  - Veränderung über einen Zeitablauf, z. B. die Zunahme bzw. Abnahme der Mitgliederzahl. Erst mit der Erklärung von deutlichen Veränderungen können Lerneffekte verbunden werden.
  - Veränderung in Relation zu Vergleichsgrößen, z. B. die jeweilige Altersgruppe im Verein in Relation zum Bevölkerungsanteil der Altersgruppe im Einzugsgebiet des Vereins.
- Die Verfügbarkeit von guten Daten, v. a. bei der Bildung von Relationen, ist eine Grundlage für die Aussagekraft der Controllingwerte.
- Zahlen dürfen nicht überstrapaziert werden. Manche Dinge, wie die Vereinskultur, lassen sich nicht oder nur begrenzt in Zahlen abbilden. Zudem kann der Aufwand für die Erfassung recht groß sein.
- Die Anzahl der ausgewählten Kennzahlen sollte sehr gezielt erfolgen, um Unübersichtlichkeit zu vermeiden.
- Die Auswertungshäufigkeit (z. B. jährlich, vierteljährlich, monatlich …) ist der Veränderungshäufigkeit und der Bedeutung für den Verein anzupassen.

Tabelle 12 enthält einige Beispiele für die einzelnen Ressourcenbereiche eines Vereins. Direkt oder indirekt hängen alle mit den »Finanzen« zusammen (siehe auch Kapitel 2.3).

Vereinsressource	Art der Kennzahl	Beispiel	Aussage
Mitglieder	Mitgliederzahl im Zeitverlauf, auch nach Alter, Geschlecht, Leistungsklasse …	Werte aus der Vereinsverwaltung im Zeitverlauf	Mitgliederentwicklung über die Jahre, Schwankungen
	Fluktuationsrate (Austritte in Relation zur Mitgliederzahl)	Zahl der Austritte/ Gesamtmitgliederzahl × 100	Veränderung der Fluktuation im Zeitvergleich: Hinweis auf die Vereinsbindung
Mitarbeiter:innen	Anzahl der Engagierten im Verein (Ämter, Projekte, Hilfen; auch nach Alter, Dauer des Engagements)	Anzahl der unterschiedlichen Menschen, die für den Verein im Einsatz waren (pro Jahr)	Veränderung im Zeitvergleich: Erhalt der Engagementquote
	Zahl der neu Engagierten (Ämter, Projekte, Hilfen)	Anzahl der neuen Menschen, die in einem Jahr Aufgaben übernommen haben	Erfolg des Freiwilligenmanagements
Finanzen	Anteil der einzelnen Finanzquellen am Gesamtbudget	Aus dem Haushalt übernommene Struktur: Beiträge, Fördergelder, Spenden, Sponsoring	Wirkung von Akquisemaßnahmen, Risikoverschiebung durch Einnahmenquellen
Infrastruktur, Material und Rechte	Belegung des Vereinsheims	Belegungsstunden pro Monat	Begründung für Betrieb des Vereinsheims
	Nutzung von Vereinsequipment	z. B. Anzahl der Ausleihen der Medienausstattung	Begründung für Investition in Ausstattung
Legitimationskapital (gesellschaftliche Bedeutung der Vereinsarbeit für das Einzugsgebiet)	Anzahl der Einladungen zu öffentlichen Veranstaltungen	Anzahl pro Jahr	Wahrnehmung des Vereins als gesellschaftlicher Akteur
Netzwerkkapital (persönliche Vernetzung des Vereins mit wichtigen Partnern)	Anzahl der Partner in Wirtschaft, Verwaltung und bei anderen gesellschaftlichen Organisationen im Vereinsumfeld	Anzahl der Ansprechpartner:innen, zu denen ein inhaltlicher Kontakt besteht	Netzwerkgröße des Vereins

Tab. 12: Kennzahlen für das Vereinscontrolling (Beispiele)

Ein weitergehendes Konzept ist die sogenannte Balanced Scorecard (BSC), die auch für Vereine genutzt werden kann. Es handelt sich um ein übersichtliches, die grundlegenden Vereinsaktivitäten umfassendes Kennzahlensystem, in das natürlich auch die Finanzebene eingebettet ist. Genaueres dazu findet sich in Anhang 3.

3.5 Risikomanagement

Da es unmöglich ist, die Zukunft im Detail vorherzusehen, ist jede Entscheidung im Verein mit einer gewissen Unsicherheit behaftet, birgt also ein Risiko. Die Begleiterscheinungen der Coronapandemie oder der Hochwasserkatastrophen und ihre Folgen auch für Vereine sind nur zwei extreme Beispiele. Dieser Unsicherheit muss man sich bewusst sein und nach Möglichkeit Vorsorge treffen – hier setzt das Risikomanagement an. Risiko ist für alle Vereine ein relevantes Thema, unabhängig von Größe und Tätigkeitsfeld.

3.5.1 Entscheidungen bewerten und Risiken früh erkennen

Das Risikomanagement umfasst drei zentrale Aufgaben für die Vereinsführung:

- Genaue Überprüfung von Entscheidungen für den Verein in Bezug auf mögliche Gefahren bzw. Risiken. Bei Verträgen sind dies z. B. die Möglichkeiten der Vertragsverstöße, sowohl auf der Vereins- als auch auf der Geschäftspartnerseite. Beides kann zu Konsequenzen für den Verein führen.
- Aufmerksame Überwachung der für den Verein relevanten gesellschaftlichen Entwicklungen – sei es in Politik, Wirtschaft oder im eigenen Verein. Frühzeitig sollte erkannt werden, wenn sich wichtige Veränderungen für den Verein anbahnen, um deren mögliche Auswirkungen abzuschätzen. In der Konsequenz sind so rechtzeitig Weichenstellungen im Verein möglich.
- Sorge für einen korrekten Ablauf der vereinsinternen Prozesse, z. B. im Hinblick auf Korruption, Mobbing, Extremismus oder sexuelle Übergriffe.

Um ein erstes Gefühl für das Umfeld des Vereins zu erhalten, können die Vereinsressourcen (vgl. Abbildung 2) als Orientierung genommen werden. In Tabelle 13 sind einige Beispiele aufgeführt, die bei den einzelnen Ressourcen als Risikofaktoren wirken können.

Ressource	Mögliche Risiken
Finanzen	• Wegbrechen bisheriger Finanzquellen • starker Mitgliederschwund mit entsprechenden Beitragseinbußen • massive Verteuerung von Baumaßnahmen • Unterschlagung von Vereinsgeldern • Abrechnungsfehler oder Fehlverwendung bei Fördergeldern • Nichteinhaltung von Sponsorenzusagen • Glaube an Dauerhaftigkeit der Einnahmen abseits der Beiträge
Mitglieder	• Austritt einer maßgeblichen Zahl von Mitgliedern • nachlassende Attraktivität der Vereinsangebote • unkorrekter Umgang mit Mitgliedern • starker Rückgang von Vereinsbeitritten
Leistungsempfänger:innen	• schlechte Leistungen bzw. Qualität der Vereinsangebote • Unzuverlässigkeit
Mitarbeiter:innen	• Weggang einer bei den Mitgliedern hoch angesehenen Arbeitskraft • massive Unzufriedenheit bei freiwillig Engagierten mit Rückzug • unkorrekter Umgang untereinander
Infrastruktur, Material und Rechte	• Verzicht auf notwendige Instandhaltungs- bzw. Modernisierungsinvestitionen • Nichtbeachtung rechtlicher Vorgaben
Legitimationskapital (gesellschaftliche Bedeutung der Vereinsarbeit für das Einzugsgebiet)	• Vernichtung der Legitimation durch nicht akzeptables Verhalten von Vereinsvertretern • Misslingen eines fremdfinanzierten Projekts
Netzwerkkapital (persönliche Vernetzung des Vereins mit wichtigen Partnern)	• Verprellen von Vereinspartnern durch fehlende Wertschätzung
Vereinsführung	• schlechte Abstimmung der Arbeitsaufteilung • unkorrekte Erledigung der Aufgaben/Kompetenzmängel

Tab. 13: Beispiele von Risikofaktoren im Zuge der Vereinsarbeit

Wie eben schon angesprochen ist die zweite Perspektive die Beobachtung der wichtigen Bereiche des Vereinsumfelds. Im Managementbereich wird dabei auf die »schwachen Signale« verwiesen, welche erste Hinweise auf sich anbahnende Schwierigkeiten liefern können, die sich aber noch nicht in großer Deutlichkeit zeigen. Erfahrung und eine Offenheit für Entwicklungen spielen dabei eine wichtige Rolle. Beispiele finden sich in Tabelle 14.

Ressource	Möglicher Indikator für stärkere Aufmerksamkeit
Finanzen	• Hinweise auf wirtschaftliche Auf- oder Abschwünge • Hinweise auf Veränderungen der Kommunikationspolitik von Partnern aus der Wirtschaft (v. a. Sponsoring) • politische Veränderungen und Bezug zu Förderprogrammen • deutliche Veränderungen der Lage des kommunalen Haushalts • Veränderung der Außenstände bei Beiträgen von Mitgliedern
Mitglieder	• über längere Zeit leichte Veränderung der Mitgliederzahlen • abrupte Änderung der Mitgliederzahlen • Aufkommen neuer Anbieter im Vereinssegment (u. a. online)
Leistungsempfänger:innen	• Veränderung der Angebotslandschaft (neue Anbieter, neue Anforderungen, z. B. sprachlich)
Mitarbeiter:innen	• Signale der Unzufriedenheit bei bezahlten und unbezahlten Mitarbeiter:innen • zunehmende Nichtbesetzung von Aufgaben im Verein durch freiwillig Engagierte
Infrastruktur, Material und Rechte	• absehbare Veränderung von Eigentümerstrukturen bei Immobilien, die vom Verein genutzt werden. • Hinweise auf Instandhaltungsbedarf in Vereins- oder vom Verein genutzten Immobilien
Legitimationskapital (gesellschaftliche Bedeutung der Vereinsarbeit für das Einzugsgebiet)	• Veränderung der gesellschaftlichen Bedürfnisse im Vereinsumfeld • Veränderung der Meinungslandschaft z. B. im Social-Media-Auftritt des Vereins
Netzwerkkapital (persönliche Vernetzung des Vereins mit wichtigen Partnern)	• absehbarer Weggang von bisherigen wichtigen Ansprechpartnern z. B. bei Behörden oder Unternehmen • Wegbrechen von Veranstaltungen, die bisher als Vernetzungsplattform dienten
Vereinsführung	• Image für Vertreter:innen des Vereins, auch z. B. in Verbindung mit Beruf oder anderen Lebensbereichen • Überlastung von Akteuren, z. B. wegen Multifunktionärsdasein oder Veränderung im privaten oder beruflichen Bereich

Tab. 14: Beispiele für »schwache Signale«

Die angesprochenen Punkte sind noch kein unmittelbares Problem für den Verein. Sie können aber Vorzeichen für kritische Entwicklungen sein.

Auf den Punkt

Ein »ist ja nicht so schlimm«, »geht anderen auch nicht besser« oder »das wird schon wieder« ist eine gefährliche Sichtweise für die Zukunftsorientierung des Vereins.

Die Arbeitshilfe 7 leistet im eigenen Verein gute Dienste, um eine Risikobetrachtung angemessen auf die notwendigen Themen auszurichten.

DIGITALE EXTRAS

Unser eigener Verein	ja	teilweise	nein
Wir sind uns klar darüber, in welcher Branche wir unsere Vereinsleistungen einzuordnen haben.			
Wir beobachten die Entwicklung innerhalb der Branche aufmerksam.			
Wir kennen die Wünsche und Bedürfnisse unserer Mitglieder im Zusammenhang mit unserem Verein.			
Wir bemühen uns darum zu erkennen, welche Wünsche und Bedürfnisse mögliche neue Mitglieder haben könnten.			
Wir bemühen uns darum zu erkennen, welche Rahmenbedingungen (zum Beispiel Arbeitsleben, Freizeitverhalten) die Teilnahme an unseren Vereinsangeboten beeinflussen.			
Die grundlegenden gesellschaftlichen Entwicklungen haben wir im Blick und prüfen unser Vereinsangebot daraufhin regelmäßig.			
Die Entwicklung bei den Zuwendungsgebern unseres Vereins haben wir im Hinblick auf mögliche Veränderungen von Förderprogrammen und -höhen im Blick.			
Die für unseren Verein wichtigen gesetzlichen Vorschriften behalten wir sehr genau im Auge.			
Technische Veränderungen (zum Beispiel bei Kommunikation, Internet) verfolgen wir in den grundlegenden Zügen und prüfen den Nutzen für unseren Verein.			
Wir prüfen regelmäßig unser Vereinsangebot hinsichtlich sinnvoller Erweiterungen oder Veränderungen.			
Wir prüfen regelmäßig unser Vereinsangebot kritisch im Hinblick auf Aufwand und Inanspruchnahme.			
Für wichtige Themen im persönlichen Umgang miteinander sowie mit Mitgliedern und Leistungsempfänger:innen (v. a. sexuelle Übergriffe, sexualisierte Gewalt) haben wir z. B. durch Schulungen, Anlaufstellen für Betroffene und Informationen gute Vorsorge getroffen.			

Arbeitshilfe 7: Unterstützung bei der Risikobetrachtung

Jeder Punkt, bei dem »teilweise« oder »nein« als Antwort steht, sollte im Verein genauer betrachtet werden. Selbst bei ganz zentralen Entwicklungen der jüngeren Vergangenheit, zum Beispiel dem Aufkommen von Social Media, den demografischen Veränderungen oder den Veränderungen in der Arbeitswelt, zeigt sich, wie unzureichend bei manchen Vereinen die damit verbundenen Auswirkungen in die Gestaltung des Vereinslebens eingeflossen sind.

Am Beispiel der Mitgliederzahlen soll verdeutlicht werden, dass eine für den Verein nützliche Überlegung nicht bei der einfachen Betrachtung der Zahlen stehen bleiben darf. In Abbildung 9 werden zehn Jahre mit den jeweiligen Werten betrachtet und es wird eine perspektivische Trendanalyse vorgenommen, wie sie einfach mit einem Tabellenkalkulationsprogramm erzeugt werden kann.

Tipp

Nehmen Sie eine längere Zeitspanne in den Blick, um Entwicklungen besser zu erkennen.

Die einzelnen Schwankungen und absoluten Mitgliederzahlen werden nun zu einer Tendenz verdichtet, die deutlich macht, dass insgesamt ein Abwärtstrend zu erwarten ist bzw. sich bereits ablesen lässt. Es weiß zwar niemand, ob 2030 wirklich der errechnete Wert von ca. 290 Mitgliedern erreicht wird. Aber man kann schon einmal überlegen, welche Auswirkungen diese Entwicklung für den Verein haben könnte und wie gegengesteuert werden kann oder ob man sich auf eine Schrumpfung einstellt.

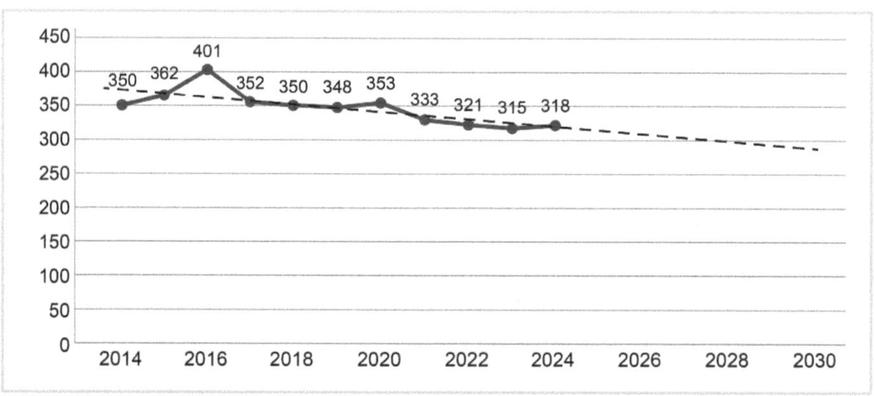

Abb. 9: Beispielhafte Mitgliederentwicklung und Trendentwicklung in einem Verein, jeweils per 01.01. des Jahres (Grafik: Wadsack)

Schließlich bedeutet eine Abnahme von Mitgliederzahlen unmittelbar die Verminderung des Beitragsvolumens im Verein. Sie kann sich aber auch auf Gruppenstärken für bestimmte Aktivitäten und die Nutzung von Vereinsanlagen auswirken.

Als Folge der Trendsichtung ist eine genauere Betrachtung sinnvoll:

- Wie haben sich die verschiedenen Altersgruppen im Verein verändert?
- Wie ist die Nachwuchsentwicklung?
- Wie steht es um die aktive Teilnahme am Vereinsbetrieb?

Hinzu kommen Betrachtungen zum Vereinsumfeld:

- demografische Entwicklung im Umfeld des Vereins
- Konkurrenzsituation im Umfeld des Vereins

Ein Beispiel aus der Vereinspraxis

Im Zuge eines Beratungsprojekts zur Vereinsentwicklung in einer Stadt wurden die verschiedenen Stadtteile und Wohngebiete mit Vertreter:innen der Kommune näher betrachtet. Bei einem Wohngebiet gelangte man zu der Einschätzung: »Es altert aus«. Das heißt, dass ein ursprünglich als Zuzugsgebiet für junge Paare mit Kindern entwickeltes Wohngebiet sich nach gut 20 Jahren verändert hat. Die Kinder sind erwachsen und ausgezogen, es bleiben die Bewohner:innen mittleren und höheren Alters. Damit verändert sich auch der Bedarf an Vereinsaktivitäten.

Auf der Basis der angeführten Überlegungen sind mögliche Maßnahmen zu bedenken – von der Mitgliederwerbung über die Entwicklung neuer Angebote bis hin zu einer Verkleinerung des Vereins. Größenwachstum ist kein Naturgesetz.

3.5.2 Risikobewertung

Alle direkt im wirtschaftlichen Bereich angesiedelten Handlungen des Vereins bergen das Risiko, Notlagen auszulösen. Dies gilt grundsätzlich für alle Vereine, wobei die Gefahrenmomente zunehmen, je kleiner der Anteil der selbst zu steuernden Einnahmen – also der Beiträge – ausfällt. Je mehr Projektgelder, Sponsoring- und Fundraising-Einnahmen in den Haushalt fließen, umso mehr ist die Existenz des Vereins von der Zuverlässigkeit und Stetigkeit dieses Geldflusses abhängig.

Risikoindikator Beiträge: Welchen Anteil machen die Beiträge am Vereinsbudget aus?	
Beitragsanteil	**Risikopotenzial für die finanzielle Stabilität des Vereins**
> 90%	gering
75,1% bis 90%	latent
50,1% bis 75%	erhöht
25% bis 50%	deutlich
< 25%	groß

Tab. 15: Anteil der Beiträge am Vereinsbudget

Diese Übersicht kann natürlich nur ganz grobe Anhaltspunkte geben. Machen die Beitragseinnahmen z. B. mehr als 75 Prozent aus und bestehen die Ausgaben zu mehr als 75 Prozent aus feststehenden Verpflichtungen (z. B. Ratenzahlungen, Gehälter, Versicherungsprämien), so kann auch der Wegfall eines kleineren Spenders massive Auswirkungen auf die Finanzsituation des Vereins haben. Die Deckung der restlichen 25 Prozent der Ausgaben gerät darüber ins Wanken.

Für alle Entscheidungen der Vereinsführung bzw. der Mitgliederversammlung kann eine vereinfachte Risikobetrachtung vorgenommen werden (Tabelle 16).

Vereinsentscheidung	**Einschätzung eines Risikos (niedrig/klein, mittel, hoch)**	**Folge des Risikoeintritts (nur: mittel oder hoch)**		**Mögliche Vorbeugung** • **Schutzmaßnahmen** • **Versicherung** • **Verlagerung**
		Image/ Legitimation	**Finanzen**	
Schließung einer kleinen Gruppe	klein	./.	./.	./.
Sommerfest des Vereins	mittel	./.	schlechtes Wetter: –5.000	• flexible Kooperation mit Getränke- und Essenslieferanten • Kooperation mit anderen Vereinen • Ausweichoption: Halle
Übergriffigkeit in einer Vereinsgruppe mit Kindern	hoch	sehr hoch	unklar	Sensibilisierung, Schulung der Mitarbeiter:innen
...				

Tab. 16: Vereinfachte Risikobetrachtung für Vereinsangebote

Auf den Punkt

Eine Risikobetrachtung soll positive Entwicklungen nicht verhindern. Sie dient dazu, gute Entscheidungen zu treffen und mögliche Schäden vom Verein fernzuhalten.

3.5.3 Risikovorbeugung

An den Beispielen lässt sich erkennen, wie mit dem Instrument gearbeitet werden kann. Die Möglichkeiten der Risikovorbeugung erstrecken sich auf folgende Grundformen:

- Verhütung von Schäden, z. B. durch geeignete Schutzkleidung bei handwerklichen Arbeiten oder gute Schulungen und Information der Mitarbeiter:innen und Mitglieder

Tipp

Für Schulungen hält möglicherweise der Dachverband passende Angebote vor.

- Ganz oder teilweise Verlagerung von wirtschaftlichen Risiken durch Kooperation, Dienstleistereinsatz
- Vergütung von eingetretenen Schäden, v. a. Versicherung

Es gibt jedoch auch Risiken, bei deren Eintreten der Verein unverzüglich in eine Krisensituation rutscht. Unmittelbar mit finanzieller Wirkung kann das unerwartete Wegbrechen eines Sponsors die Fortexistenz des Vereins plötzlich infrage stellen. Aber auch der Fall eines sexuellen Übergriffs in einer Vereinsgruppe betrifft die Finanzen mittelbar. Das Schicksal der Betroffenen steht zwar im Mittelpunkt der Klärungsarbeit, eine durch den Vorfall ausgelöste Austrittswelle oder die Einschaltung eines Rechtsbeistands schlagen aber direkt auf die Finanzen durch.

3.6 Krisen- bzw. Sanierungsmanagement

Wir konzentrieren uns hier auf die finanziellen Aspekte einer Vereinskrise. Alle Risikobetrachtung hat nichts genützt, dem Verein geht es wirtschaftlich sehr schlecht. Die Insolvenz droht. An dieser Stelle setzt als Rettungsmaßnahme das Krisen- bzw. Sanierungsmanagement ein. Es ist sozusagen die letzte Chance vor dem Untergang des Vereins.

3.6.1 Krise akzeptieren

Krisen können erschrecken, sie können Angst machen. Das kann zu dem Versuch führen, sie auszusitzen, »den Kopf in den Sand zu stecken«. Werden doch schnell Sorgen laut, wie eine solche Krise auf einen zurückfällt oder ob es überhaupt gelingen kann, sie in den Griff zu bekommen. Das ist kein hilfreicher Weg. Wenn eine Krise eingetreten ist, muss aktiv an einer Lösung gearbeitet werden.

Auf den Punkt

Es geht um die Sicherung des Vereins auf längere Sicht und nicht um ein kurzfristiges Flickwerk, mit dem man über die nächsten Wochen kommt.

Die wirtschaftliche Notlage eines Vereins ist verbunden mit den Begriffen der

- **Zahlungsschwierigkeiten** als der leicht eingeschränkten Möglichkeit, alle fälligen Forderungen pünktlich zu begleichen. Einige wenige Zahlungen erfolgen mit Verzögerungen, perspektivisch geht diese Phase aber kurzfristig wieder vorbei. Das heißt, die volle Zahlungsfähigkeit wird in absehbarer Zeit zuverlässig wieder erreicht.

- **Zahlungsunfähigkeit** als voraussichtliche Unmöglichkeit, den kommenden Zahlungsverpflichtungen nachzukommen. Die rechtlichen Grenzen für die Zahlungsunfähigkeit im Sinne des Insolvenzrechts liegen schon relativ niedrig. Wenn über einen Zeitraum von drei Wochen mindestens 10 Prozent der fälligen Verbindlichkeiten nicht beglichen werden können, ist gemäß einem BGH-Urteil bei Unternehmen von einer Zahlungsunfähigkeit auszugehen (https://www.anwalt.de/rechtstipps/zahlungsunfaehigkeit-definition-rechtsprechung-beurteilung-gefahren-beseitigung_018996.html; 04.06.2024).
- **Überschuldung**, wenn die Verbindlichkeiten nicht mehr durch das Vereinsvermögen gedeckt sind.

Ein wichtiges Merkmal ist also die Zahlungsfähigkeit des Vereins, wobei es einerseits kleinere Unregelmäßigkeiten gibt, die als Warnsignal verstanden und behoben werden müssen. Andererseits gibt es die Regelungen des Insolvenzrechts, nach dem Zahlungsunfähigkeit und Überschuldung zum Stellen eines Insolvenzantrags führen müssen.

Auf den Punkt

Fehlende Zahlungsfähigkeit ist das ausschlaggebende Kriterium mit einem Insolvenzantrag als Folge.

Wirtschaftliche Notlagen in Vereinen lassen sich letztendlich immer auf Entscheidungen von Menschen für den Verein zurückführen. Schließlich muss die Vereinsführung im Rahmen der Vorgaben der Mitgliederversammlung den bestmöglichen Weg für die Zukunft des Vereins finden. Solche Entscheidungen können auch einmal falsch oder fehlerhaft sein. Solange sie nicht bewusst falsch getroffen wurden oder eine fehlende Auseinandersetzung mit dem Entscheidungsthema die Ursache war, ist dies nicht zu verurteilen.

Beispiele aus der Vereinspraxis

- Ein Tierschutzverein berichtet über die nachträgliche Stornierung der Sponsorenzusage für ein schon im Bau befindliches neues Tierheim. Die Lage ist doppelt prekär, denn auch die Baukosten sind höher als ursprünglich geplant. Um die Finanzierungslücke zu decken, wurde bei den Förderern und Sponsoren ein großer sechsstelliger Eurobetrag eingesammelt. Basis der Gesamtfinanzierung war jedoch das Engagement eines großen Unternehmens vor Ort. Nach dem Wechsel an der Führungsspitze des Sponsors erfolgte ein gravierender Sinneswandel. Dies führte dazu, dass ursprüngliche Finanzierungszusagen zurückgenommen wurden und das Projekt damit insgesamt in Schieflage geriet.
- Ein großer Sportverein mit mehreren Sparten musste feststellen, dass durch die teilzeitbeschäftigte Buchhalterin in den vergangenen Jahren Beträge im Gesamtwert von ca. 500.000 Euro nicht an den Verein geleitet wurden, sondern rechtswidrig auf den Konten der Buchhalterin landeten. Dies führte zwar nicht zu einer Insolvenz, brachte den Verein aber immer wieder in scheinbar unerklärliche finanzielle Nöte. Hieran knüpfen sich vielfältige Fragen in Bezug auf das Kontrollsystem innerhalb des Vereins und insbesondere

des ehrenamtlichen Vorstands gegenüber der bezahlten Mitarbeiterin an. Ähnliche Beispiele lassen sich auch in Vereinen außerhalb des Sportbereichs finden.

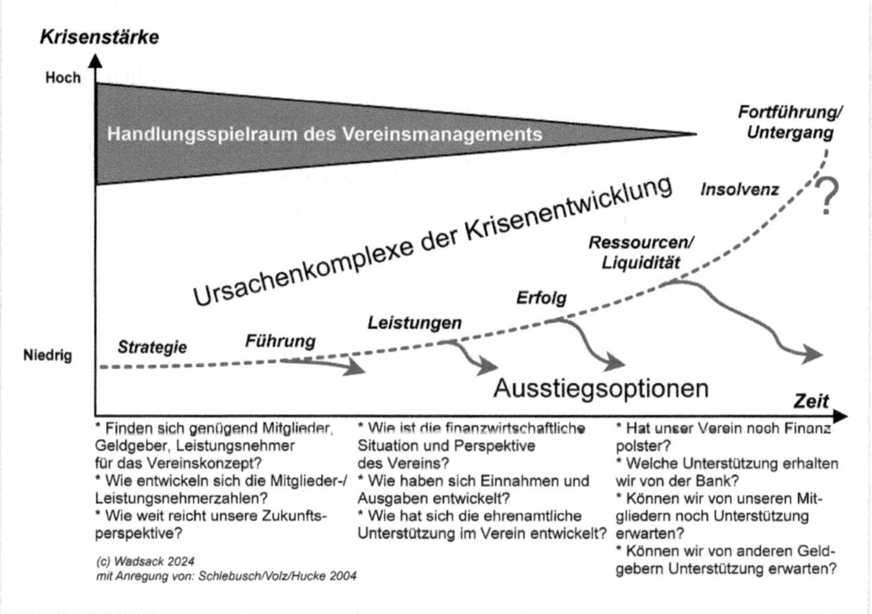

Abb. 10: Stufen und Merkmale der Krisenentwicklung (Quelle: Wadsack 2023, angelehnt an Schlebusch et al. 2004)

Wie schon aus den Beispielen zu erkennen ist: Die Krise hat in den allermeisten Fällen eine Vorgeschichte (Abbildung 10). Im Kapitel zum Risikomanagement wurde schon angesprochen, dass die Vereinsentwicklung und das Vereinsumfeld aufmerksam zu beobachten sind. So können frühzeitige Weichenstellungen erfolgen, um eine Krise zu vermeiden.

Auf den Punkt

Eine 100-prozentige Sicherheit für die Zukunft gibt es nicht.

Wie aus der Abbildung 10 zu erkennen ist, hat jede Lebenssituation – auch die eines Vereins – ein Basispotenzial für die Entstehung einer Krise. Dies beruht auf der angesprochenen Unsicherheit der Zukunft. Die Abbildung zeigt aber auch, wie sich einzelne fehlende Konsequenzen aus der Vereinsentwicklung zur Extremsituation der Krise hochschaukeln können.

Auf den Punkt

Eine Vereinskrise kommt selten aus heiterem Himmel!

Die Herausforderung einer solchen Krisensituation liegt nicht allein in der wirtschaftlichen Not (siehe auch Wadsack 2023):

- Mit der finanziellen Knappheit wird der Handlungsspielraum der Vereinsführung kleiner, externe Partner wie Banken oder Partnerorganisationen aus der Wirtschaft wollen auch zur Absicherung ihrer eigenen Rolle mitreden.
- Die Arbeitsbelastung für die Vertreter:innen des Vereins steigt deutlich an, da sowohl der laufende Vereinsbetrieb zu sichern ist, als auch die Sonderaufgaben aus der Krisensituation zu schultern sind. Schließlich müssen viele Gespräche geführt werden, um Rettungsmaßnahmen auf den Weg zu bringen.
- Die Öffentlichkeitsarbeit gewinnt massiv an Bedeutung, sowohl zu den Mitgliedern als auch an die externen Partnerorganisationen – vor allem in Zeiten von Social-Media-Auftritten der Vereine. Krisenkommunikation benötigt dabei noch einmal gesonderte Kompetenzen. Sobald eine Vereinskrise erkennbar wird, weckt sie Aufmerksamkeit und bringt Unruhe. Die Gerüchteküche beginnt zu brodeln. Hierfür muss der Verein schnell gewappnet sein, um größeren, eventuell auch wirtschaftlichen Schaden durch ungeschickte Medienarbeit zu vermeiden. Dazu zählen die Benennung eines Ansprechpartners im Verein für die Medienkommunikation, die Abstimmung von Informationen, die herausgegeben werden sollen, und die Planung von Eckpunkten einer Kommunikationsstrategie, welche die Bemühungen um die Rettung des Vereins unterstützt.

Auf den Punkt

Eine zunehmende Intensität der Notlage schränkt die Handlungsmöglichkeiten der Vereinsführung ein.

Eine Notlage kann Ursachen in einer weit zurückliegenden Vergangenheit haben. Nun muss in kurzer Zeit eine schonungslose Problem- und Ursachenanalyse betrieben werden. Nur ein Ansetzen an den Ursachen bietet die Chance auf langfristig wirksame Lösungen. Eine große Gefahr liegt darin, die Notsituation zu leugnen. Scheuen sich die Führungskräfte des Vereins vor einer systematischen und konsequenten Aufarbeitung und schieben Entscheidungen auf, kann dies die Notlage deutlich verschärfen. Handlungsmöglichkeiten werden verschenkt und der Zeitdruck wächst. Eine Variante ist die Methode des »Löcher-Stopfens« durch Spenden, unverzinsliche Darlehen oder die Übernahme von Kosten für den Verein v. a. durch Mitglieder des Vereinsvorstandes.

Ein Beispiel aus der Vereinspraxis

Wie in der Lokalzeitung zu lesen war, musste der traditionsreiche Schützenverein Insolvenz anmelden, weil er seinen Zahlungsverpflichtungen nicht mehr nachkommen konnte. Die fest eingeplante Haupteinnahmequelle, das jährliche Schützenfest, hat in den letzten Jahren als Geldquelle immer weniger funktioniert. Vorstandsmitglieder sind mit eigenem Geld über einige Zeit in die Bresche gesprungen.

Solche Übergangslösungen führen aber meist nur noch tiefer in die finanzielle Klemme. Auf einmal geht es nicht mehr nur um eine einfache Problembewältigung. Spätestens jetzt liegt ein echter Sanierungsfall vor.

Auf den Punkt

Eine große Gefahr besteht, wenn nicht spätestens jetzt die Ehrlichkeit die Oberhand gewinnt. Gefahrensignale sind:

- fehlendes Gefühl der Bedrohlichkeit für die wirtschaftliche Situation
- Angst der Entscheider:innen vor grundlegenden Veränderungen
- Verschleierung von Schwierigkeiten des Vereins
- fehlender Blick für die wirtschaftliche Konsequenzen von Ereignissen im Verein
- fehlende Kontrollinstrumente zur Einschätzung der Situation
- mangelnde Sensibilität für Entwicklungen im Vereinsumfeld

Die Sanierung des Vereins bedeutet unter Umständen, die Aktivitäten des Vereins neu auszurichten oder Vereinsangebote zu streichen. Hier ist die Vereinsführung gefordert, um solche konzeptionellen Überlegungen zügig zu erarbeiten und gegenüber den Mitgliedern und anderen Partnern des Vereins zu vertreten.

Es reicht ja auch nicht, den Verein für die nächsten Monate abzusichern. Es muss ein überzeugendes Konzept für die Zukunftsfähigkeit des Vereins erstellt werden.

Auf den Punkt

Das Aufschieben oder Verzögern der Bearbeitung einer Notlage vergrößert die Gefahr für den Verein.

3.6.2 Analyse des Vereins und Lösungssuche

Grundsätzlich sind alle Ressourcenbereiche des Vereins potenzielle Auslöser von Notsituationen, in denen die Existenz des Vereins zumindest in Gefahr gerät. In der folgenden Übersicht sind die Vereinsressourcen und mögliche Problemsituationen angesprochen. Die erkennbaren Probleme sind dabei nur die Anzeichen für weitergehende Ursachen.

Vereins-ressource	**Beobachtungs-punkte**	**Notsituation (Beispiele)**	**Mögliche Ursachen (Beispiele)**	**Rettungsansätze (Beispiele)**
Mitglieder	• Anzahl der Mitglieder • Struktur der Mitglieder (Alter, Aktivitätsgrad)	• Mitgliedereinbruch durch Austrittswelle	• Nichtbeobachtung der Konkurrenzsituation • Nichtbeachtung oder Unterschätzung des Aufbaus einer Opposition im Verein (Neugründung eines Vereins) • Wechsel einer wichtigen Betreuungskraft zu einem anderen Verein	• Steigerung der Mitgliederzahl/Werbung • Neustrukturierung der Angebotsgruppen • Aktivierung der Mitglieder zur Übernahme zusätzlicher Aufgaben
Mitarbeitende	• freiwilliges Engagement (Wahlämter, Projektarbeit, Hilfen) • Anzahl der bezahlten Mitarbeiter (Minijob, Teilzeit, Vollzeit, Honorar)	• zur Mitgliederversammlung keine Besetzung der zentralen Vorstandsfunktionen möglich • die Zahl der Engagierten vermindert sich und führt zu Überlastung der Verbliebenen • Weggang wichtiger bezahlter Mitarbeitender	• Bestehen einer schwierigen Vereinssituation • mangelnder Aufbau von Nachfolger:innen • mangelhaftes Image der Vereinsarbeit • schlechte Bezahlung • schlechte Arbeitsbedingungen	• Prüfung des Bedarfs an bezahlten Mitarbeiter:innen • Verlagerung von Aufgaben aus dem bezahlten Bereich in den geringer bezahlten bzw. ehrenamtlichen Bereich • Aktivierung zusätzlichen freiwilligen Engagements • Kooperationen als Möglichkeit zu bezahlter Mitarbeit

Vereinsressource	**Beobachtungspunkte**	**Notsituation (Beispiele)**	**Mögliche Ursachen (Beispiele)**	**Rettungsansätze (Beispiele)**
Finanzen	• wirtschaftliche Lage des Vereins • Zahlungsmoral der Schuldner • vorhandene Einnahmequellen und ihre Abhängigkeiten • Liquidität • Notwendigkeit von Ausgaben	• Einbruch auf der Einnahmenseite • nicht vermeidbare deutliche Zunahme der Ausgaben	• fehlender Blick für die schleichende Entwicklung im Verein • Schwäche bei Wirtschaftspartner	• Sorge für die zustehenden Zahlungszuflüsse • Erschließung zusätzlicher Einnahmequellen • Klärung von Einsparungsmaßnahmen (Abbau von Ausgaben) • Verhandlung mit Gläubigern über die Streckung bzw. Stundung von Zahlungen
Infrastruktur (z. B. Vereinsheim)	• verfügbare Sachgüter des Vereins • wirtschaftlicher Zustand der Sachgüter	• Ausfall des Vereinsheims als Mittelpunkt des Vereinslebens, z. B. durch ein Unwetter	• Vernachlässigung der Instandhaltung • Nichtfinanzierbarkeit von Sicherheits- bzw. Sanierungsmaßnahmen (z. B. Brandschutz, Energieeinsparung)	• Nutzungsintensität der Sachgüter und Rechte • Verwertungsmöglichkeit
Legitimationskapital (gesellschaftliche Bedeutung der Vereinsarbeit für das Einzugsgebiet)	• Akzeptanz des Vereins als wichtiger Akteur	• Bedeutungsverlust durch Veränderung der Bedürfnisse im Einzugsgebiet des Vereins	• Änderung der Bewohnerschaft • kulturelle Änderungen in der Gesellschaft	• Neuausrichtung des Vereins • Aufbau neuer Angebote • Kooperationen

Vereins-ressource	Beobachtungs-punkte	Notsituation (Beispiele)	Mögliche Ursachen (Beispiele)	Rettungsansätze (Beispiele)
Netzwerk-kapital (persönliche Vernetzung des Vereins mit wichtigen Partnern)	• bestehende Kontakte	• nicht mehr aktive wichtige Bezugs-personen in Wirtschaft, Politik, Verwaltung • Vertrauensver-lust	• Pensionierung, andere Tätig-keit • Verärgerung über Vereins-kontakt	• Präsenz des Vereins bei lokalen/ regionalen Veranstal-tungen stärken

Tab. 17: Ansätze der Vereinsanalyse zur Krisenbewältigung

Wie anhand der kurzen Beispiele in der Tabelle 17 schon deutlich wird, sind die Ursachen für Vereinskrisen häufig auf konzeptionelle oder handwerkliche Fehler der Vereinsführung zurückzuführen. »Konzeptionell« heißt, dass die Vereinsentwicklung nicht mit einer mittelfristigen Perspektive aktiv gestaltet wird. »Handwerklich« meint die in der Vereinsführung vorhandenen Kompetenzen.

Zeitdruck und persönliche Betroffenheit von Vereinsmitarbeiter:innen kann dazu führen, dass die Suche nach einer Lösung nicht ideal verläuft und Fehler gemacht werden. Es ist sicherzustellen, dass trotz Zeitknappheit eine möglichst gründliche Informationsbeschaffung für die Lösungssuche erfolgt. Gefahren liegen u. a.

- im generellen Verzicht auf eine Recherche (»Wir wissen ja, was los ist!«, »Dafür haben wir jetzt keine Zeit!«),
- in der Beschränkung auf positive Informationen (»Wir haben bisher alles richtig gemacht, Informationen in andere Richtungen können nicht stimmen!«),
- in der Beeinflussung durch Interessenten innerhalb oder außerhalb des Vereins, die versuchen, ihre eigenen Interessen in die Problemlösung einzubringen (»Ich habe doch schon vor einiger Zeit vorgeschlagen, folgendermaßen vorzugehen …!«).

Deshalb kann es durchaus sinnvoll sein, eine:n externe:n oder interne:n Moderator:in hinzuzuziehen, der bzw. die die Diskussion sachorientiert leitet. Die Erarbeitung eines Notfallplans muss die folgenden Schritte beinhalten (Tabelle 18).

<table>
<tr><th>Arbeitsschritt</th><th>Beispiel</th></tr>
<tr><td colspan="2">1. Vorbehaltlose Beschreibung der Notsituation</td></tr>
<tr><td>• Benennung der Einzelbereiche, die zur Notsituation gehören (Finanzen, Mitarbeiter:innen, Mitglieder, Vereinsanlagen)
• Benennung der einzelnen Problembereiche
• Gewichtung der einzelnen Problembereiche nach ihrer Wichtigkeit bzw. Wirkung für den Verein</td><td>• Finanzengpass durch Ausfall eines größeren Sponsors
• Finanzengpass bzw. fehlende Mitarbeiterstunden durch Anpassung des Mindestlohns</td></tr>
<tr><td colspan="2">2. Benennung möglicher Auswirkungen der Notsituation</td></tr>
<tr><td>• Angabe einzelner Auswirkungen
• Zeithorizont der Wirkung</td><td>• Kündigung von Mitarbeiterstellen zum nächstmöglichen Termin
• Zahlungsunfähigkeit des Vereins zum 31.5.
• Insolvenzantrag</td></tr>
<tr><td colspan="2">3. Ansatzpunkte für die Beseitigung der akuten Notsituation</td></tr>
<tr><td>• Suche nach kurzfristig realisierbaren Lösungen
• Bewertung der Wirkung der Lösungsvorschläge
• Abschätzung der Erfolgsaussicht
• Zwischenbilanz zur Lösbarkeit der Notlage
• Verfassen eines Rettungskonzepts</td><td>• Stundung von anstehenden Zahlungen durch Handwerker, Zulieferer
• Teilweiser Gehalts-, Honorarverzicht von Mitarbeiter:innen
• Ansprache von Mitgliedern und Freund:innen des Vereins zur Einräumung eines Darlehens oder Gabe einer Spende
• Wenn möglich: Ansprache der Bank des Vereins zur Erhöhung des Kreditrahmens</td></tr>
<tr><td colspan="2">4. Abwägen von alternativen Vorgehensweisen</td></tr>
<tr><td>• Feststellen, ob Alternativen gesehen werden
• Überprüfen der Alternativen auf Machbarkeit und Umsetzungsbedingungen</td><td>• Verkauf von Vereinsvermögen (ggf. mit Rückmietung)
• kurzfristiger Ausgabenabbau des Vereins</td></tr>
<tr><td colspan="2">5. Festlegen von Aufgaben für die Führungskräfte des Vereins</td></tr>
<tr><td>• inhaltliche Verteilung der Aufgaben
• Zeitplanung für die Bearbeitung der Aufgaben</td><td>• Aufgabenliste mit Arbeitsinhalt, Person, Zeitpunkt der Erledigung</td></tr>
</table>

Tab. 18: Arbeitsschritte zur Entwicklung eines Notfallplans

Es gilt also, in einem ersten Schritt möglichst zügig eine Sammlung der Problemlösungsmöglichkeiten zu starten. Dazu ist es sinnvoll, eine kleine schlagkräftige Gruppe von Vereinsmitarbeiter:innen und eventuell einzelnen kompetenten Mitgliedern zu bilden, die diese Aufarbeitung durchführt. Ausgangspunkt muss eine Abschätzung des finanziellen Volumens sein, das notwendig ist, um den Verein mit Erfolgsaussicht zu retten.

3.6.3 Erarbeitung eines Rettungskonzepts

Die Sicherstellung der Vereinsliquidität zu einem Stichtag oder der Ersatz für eine eigentlich als sicher eingeschätzte, aber kurzfristig ausfallende Einnahme zeigen den Handlungsdruck für die Vereinsführung. Es müssen Lösungen gefunden werden, die einerseits für den Verein machbar sind und andererseits dem zeitlichen Druck für die Problemlösung entsprechen.

Auf den Punkt

Bei der Lösungssuche muss darauf geachtet werden, dass die Zeitspanne, in der eine Lösung wirken kann, mit dem aktuellen Finanzbedarf des Vereins zusammenpasst.

So ist es für einen Zahlungstermin in z. B. zwei Wochen unsinnig, über eine Sponsoren- oder Fundraising-Kampagne nachzudenken. Der Zeitpunkt einer möglichen Wirkung ist viel zu spät, abgesehen davon, dass dazu erst Zeit notwendig wäre, um ein Konzept zu erarbeiten und umzusetzen.

Tipp

Die Ansprache vorhandener Förderer und Gönner des Vereins ist in einem solchen Fall sinnvoll, um eine kurzfristige Aufstockung der bereits vorhandenen Unterstützung zu ermöglichen. Eine Spende oder ein (zinsloses) Darlehen sind hier denkbar.

Häufig werden mit spontanen Spendenaktionen vor allem Mitglieder angesprochen. Aber natürlich ist zugleich eine systematische Vorgehensweise und eine nachvollziehbare Argumentation notwendig. Für mögliche Unterstützer:innen muss deutlich werden, dass der Verein mit den erbetenen Hilfen eine Überlebenschance hat und dann in eine erfolgreiche Zukunft geleitet werden kann.

Insgesamt ergeben sich die in der folgenden Übersicht zusammengestellten Handlungsoptionen.

Maßnahme	Ansatzpunkte	Wirkung
Steigerung der Einnahmen		
Beitragserhöhung	• Erhöhung für alle (erwachsenen) Mitglieder • Einführung/Änderung von Abteilungsbeiträgen	• mittelfristig, Verabschiedung über die Mitgliederversammlung • Signal an Gläubiger zur eigenen Zusatzbelastung der Mitglieder
Crowdfunding-Aktion	• kurzfristige Sammlung von Geldern bei Mitgliedern und Unterstützer:innen des Vereins	• relativ kurzfristige Wirkung, wenn erfolgreich • Einmaleffekt für die Behebung einer aktuellen Finanz-problematik • Zukunftsperspektive/Konzept muss vorhanden sein • Signal an Gläubiger
(Zinsloses) Darlehen von Mäzen, Gönner	• Ansprache von finanzkräftigen Menschen, die sich dem Verein verbunden fühlen	• Zukunftsperspektive/Konzept für die Sanierung muss vorhanden sein • Tragbarkeit der Rückzahlungs-modalitäten für den Verein
Erweiterung der Vereinsangebote	• Gewinnung von neuen Mitgliedern/ Kursteilnehmer:innen	• mittel- bis langfristige Option • abhängig von der Attraktivität und dem Zulauf zum Angebot • Voraussetzung für die Wirksam-keit ist eine gute Kalkulation
Vereinsanlagen	• Suche nach »Untermietern«, Nutzern der Vereinsanlagen	• mittelfristige Option • zusätzlicher Abstimmungsbedarf für die Nutzung
Fördermittel/ Zuwendungen	• nur in Ausnahmefällen relevant, wenn spezifisches Förder-programm vorliegt oder bei herausragender Bedeutung des Vereins	• wenn relevant, kurz- bis mittel-fristige Wirkung
Verminderung der Ausgaben		
Mitarbeiter:innen	• Aufgabenkritik, ob wirklich alle Aufgaben für den Vereinserfolg notwendig sind • Ehrenamtliche: Prüfung von Kostenerstattung auf Höhe und Notwendigkeit • Stärkung der Engagementquote von unentgeltlichen Kräften • bezahlte Kräfte: Kooperation mit einer anderen Organisation, Verminderung der Einsatzzeiten	• sozial schwieriges Thema • Kooperationen zur Kostenteilung • Chance der Reorganisation der Vereinsarbeit

Maßnahme	Ansatzpunkte	Wirkung
Mitglieder/ Vereinsleistungen	• Prüfung der Vereinsangebote auf die Inanspruchnahme und damit verbundenen Kosten; ggf. Zusammenlegung, Streichung	• kann zu Verstimmungen im Verein führen
Vereinsverwaltung	• Prüfung aller Kostenpositionen, z. B. Kommunikation, Bankverbindung, Software, Raumkosten • für Verwaltungsbüro ggf. Kooperation prüfen • Prüfung der Arbeiten in der Vereinsverwaltung (Notwendigkeit, Ablauf) auf Optimierung	• Reorganisation der Vereinsverwaltung möglich • mittelfristige Wirkung, wenn z. B. mit Vertragskündigungen oder Kooperationsaufbau verbunden
Vereinsanlagen	• Kostenentstehung bei Betrieb und Pflege der Vereinsanlagen überprüfen • ggf. Mitgliederpflicht für grundlegende Arbeiten einführen • Prüfung des Gesamtbedarfs der Vereinsanlagen, ggf. Veräußerung	• Vereinsanlagen haben häufig eine große Bedeutung für einen Teil der Mitglieder, Veränderungen müssen gut vorbereitet werden

Tab. 19: Handlungsoptionen zur Krisenbewältigung bei Einnahmen und Ausgaben

Es ist deutlich geworden, dass bei der Krisenbearbeitung Zeit ein Schlüsselfaktor ist – einerseits im Hinblick auf den Zeitraum, in dem eine Lösung erarbeitet werden muss, und andererseits im Einsatz von Zeit durch die eingebundenen Mitarbeiter:innen.

Auf den Punkt

Im Rahmen der Krisenbearbeitung kann es sinnvoll sein, eine Projektgruppe einzurichten, die mit Kompetenz und zeitlicher Verfügbarkeit eine schnelle und qualitativ hochwertige Arbeit erledigt – immer in Abstimmung mit der Vereinsführung.

4 Einnahmen – die (trügerische) Hoffnung auf den Goldesel?

Aus der Praxis unserer Vereinsvertreter:innen

Eine Woche später, Rundmail von *Konrad*:

»Gestern Abend war ich bei Freunden zu einer Feier eingeladen. Da bin ich zufällig mit einem anderen Gast ins Gespräch gekommen. Er ist auch im Vorstand eines Vereins. Da hatten wir natürlich gleich reichlich Gesprächsstoff. Und er hat mir erzählt, dass es in seinem Verein einen Menschen gibt, der seit einiger Zeit den Spitznamen ›König der Mittelbeschaffung‹ hat.

Stellt euch mal vor, er ist ständig mit offenen Augen und Ohren unterwegs und schaut, wo es eventuell Geld für seinen Verein geben kann. Er hat sogar die Förderprogramme des Verbandes, der Kommune und des Landes geprüft und so an verschiedenen Stellen Mittel für den Verein bekommen. Damit hat er schon einiges für den Verein bewirken können.

Vielleicht sollten wir auch mal prüfen, was da so geht. Ich habe dann gleich geschaut, welche Möglichkeiten es bei Stiftungen gibt. Und was soll ich sagen? Ich bin dabei auf einen Vereinswettbewerb gestoßen, der sich für uns interessant anhört. Und die Preise sind durchaus lohnenswert. Damit werde ich mich in der nächsten Woche gleich näher beschäftigen.«

4.1 Übersicht – die Vielfalt der Einnahmemöglichkeiten

Vereine sind angehalten, sich bestmöglich über eigene Einnahmen selbst zu finanzieren. Deshalb sind die Beiträge der Mitglieder die wichtigste Einnahmequelle. Sie spielen eine wesentliche Rolle, wenn die Vereinsarbeit hauptsächlich auf die Mitglieder ausgerichtet ist. Aber vor allem wenn größere Projekte anstehen, reichen diese Einnahmen oft nicht aus, um die Kosten zu decken und die Zahlungsfähigkeit des Vereins dauerhaft zu sichern. Es müssen somit andere Möglichkeiten gefunden werden, sich Geldmittel zu verschaffen. Je nach Vereinsziel und -arbeit können die Anteile anderer Finanzierungsquellen am Vereinsbudget variieren. Dazu gehören u. a. sowohl öffentliche Fördermittel und Spenden als auch selbst erwirtschaftete Mittel.

Es lassen sich fünf grundlegende Finanzquellen für Vereine feststellen:

- **Beiträge:** die klassische Einnahmeform verbunden mit einem Beitragssystem, in dem z. B. die Beiträge für verschiedene Altersstufen, Zuschläge für einzelne Vereinsangebote und Vergünstigungen für bestimmte Lebenssituationen berücksichtigt werden.
- **Spenden**: von Menschen oder Organisationen für bestimmte Projekte im Verein oder die Gesamtorganisation zur Verfügung gestellte Geld- oder Sachmittel, über die der Verein im Rahmen seiner Arbeit verfügen kann. Unter dem Stichwort »Spendenmarketing« oder übergreifend »Fundraising« wird dieses Thema mittlerweile sehr professionell bearbeitet.
- **Zuwendungen/Fördermittel:** Für viele Vereine spielen Zuwendungen oder Fördermittel eine wichtige Rolle, sei es aus öffentlichen Kassen oder aus Stiftungsmitteln. In der Regel werden diese Finanzmittel projektorientiert zur Verfügung gestellt. Ihre Inanspruchnahme erfordert eine gute Vorbereitung und die Einhaltung entsprechender Förderregeln.
- **selbst erwirtschaftete Mittel/unternehmerisches Handeln:** Vereine können z. B. durch die Ausrichtung von Festen und Feiern aktiv werden. Genauso können spezielle Vereinsleistungen am Markt angeboten werden, wie z. B. Kulturveranstaltungen oder Betreuungsangebote. Auch Sponsoringaktivitäten zählen dazu.
- **Kredite:** Vereine können bei Vorlage der notwendigen Voraussetzungen Kredite in Anspruch nehmen. Dies ist allerdings nicht einfach, da die Vereine wie andere Kreditnehmer auch geeignete Sicherheiten zur Verfügung haben müssen.

Damit der Verein die notwendigen Einnahmen erzielen kann, wird auch auf alternative Finanzierungsformen abseits der Beiträge ausgewichen. Vor allem bei größeren Projekten werden mehrere Geldquellen benötigt. In diesem Zusammenhang gewinnen neben dem seit Jahren üblichen Sponsoring nun auch das Fundraising und das Crowdfunding an Bedeutung.

Auf den Punkt

Aber: Finanzierungsformen, die nicht in der Entscheidungshoheit des Vereins liegen, bergen deutliche Risiken.

Es muss hierbei unbedingt beachtet werden, dass durch alternative Finanzierungsformen durchaus Risiken für eine stabile Vereinsfinanzierung entstehen können. Tabelle 20 gibt dazu einen ersten Überblick und verweist auf die Kapitel, in denen die Themen genauer bearbeitet werden. Kredite und Vermögen werden in diesem Band nicht weiter behandelt.

	Stabilität der Einnahme-möglichkeit	**Eigener Einfluss auf die Höhe der Einnahme-möglichkeit**	**Kommentar**
Beiträge	++	++	Abgesehen von Vereinskrisen mit Austrittswellen ist dies eine stabile Größe für den Verein, meist die Finanzierungsgrundlage.
Fundraising: Spenden	0	+	Spenden hängen von der Spenden-bereitschaft der Menschen und Organisationen ab und bedürfen meist intensiver Marketingarbeit.
Fundraising: Crowdfunding (Schwarm-finanzierung)	0	+	Der Erfolg ist abhängig von guter Vorbereitung und intensiver Marketingarbeit.
Fundraising: Förder-verein	++	+	Langfristiges Engagement und Motivation des Vorstands und der Mitglieder des Fördervereins notwendig.
Zuwendungen/Förder-mittel, Stiftungsgelder	+	0	Erfordern einen deutlichen Einsatz und entsprechende thematische Fördermöglichkeiten. Es gibt einen Wettbewerb um Fördermittel. Abhängigkeit von der Finanz-lage öffentlicher Kassen sowie vorgegebenen Förderthemen und -zielen.
Selbst erwirtschaftete Mittel	0	+/0	Es bedarf marktfähiger Leistungen und der dafür erforderlichen Ressourcen, z. B. Veranstaltungen mit Eintrittsgeld, Catering-Umsatz.
Sponsoring (Verkauf von Kommunikations-leistungen)	+/0	0	Erfordern Wirksamkeit in der Öffentlichkeit und einen hohen Einsatz. Wettbewerb um Sponsoren.
Kredite	–	–	Abhängig von Sicherheiten oder Bereitschaft von Mitgliedern zur Kreditgabe.
Vermögen (z. B. Raum-vermietung)	0	+	Wenn vorhanden eine gute Grund-lage, wenn die Aktivierung des Vermögens gelingt.

Tab. 20: Zuverlässigkeit der Finanzierungsoptionen (++ sehr hoch, + hoch, 0 mittel, – schwach)

Neben der Unsicherheit der Einnahmen bestehen bei alternativen Finanzierungsformen abseits der Beiträge folgende Risiken:

- **Abhängigkeit von externen Geldgebern:** Wenn mit dem Engagement mehr oder weniger ausdrücklich Einflussmöglichkeiten auf die Vereinsarbeit verbunden sind, besteht ein Risiko für den Vereinsfrieden. Gute Absprachen helfen, die Gefahr von Missverständnissen zu vermindern, verstärkt durch eine gute Vertragsgestaltung.
- **Zusätzlicher Verwaltungsaufwand für Dokumentation und Verwaltung:** Sind mit einer Unterstützung besondere Anforderungen z. B. der Öffentlichkeitsarbeit oder der Dokumentation und Abrechnung verbunden, muss dies frühzeitig mit eingeplant werden.
- **Imagerisiko durch Unternehmen/Personen mit negativem Ruf oder negativen Aktivitäten**, welche den Ruf des Partners zerstören: Solche Entwicklungen können auf den Verein durchschlagen.
- **Rechtliche Risiken durch Datenschutz, Steuervorschriften und Verträge:** Übereilte oder blauäugige Maßnahmen können Fallstricke bergen.

Um diese Risiken zu minimieren ist es wichtig, die Finanzen sorgfältig zu planen und zu überwachen. Der Verein sollte über die Beiträge hinaus möglichst eine auf unterschiedlichen Quellen beruhende Finanzstrategie verfolgen, damit er nicht von einer einzigen Finanzquelle abhängig ist. Im Zweifelsfall sind Expert:innen z. B. für Steuern und Recht hinzuzuziehen.

Insgesamt ist bei der Zusammenarbeit mit Dritten immer zu prüfen, ob die Beziehung für den Verein stimmig ist. Passen die Aktivitäten und Ziele des Partners zum eigenen Selbstverständnis als Verein, wie es eventuell auch in einem Leitbild niedergelegt ist?

Eine große Gefahr liegt darin, wenn ein Verein der Verlockung des Geldes erliegt und sich in eine unpassende Kooperation begibt. Negative Schlagzeilen, kritische Social-Media-Kommentare, das Abspringen anderer Unterstützer:innen oder sogar Austritte von Mitgliedern können die Konsequenz der unbedachten Nutzung von Geldquellen sein. Im Zweifelsfall ist die Möglichkeit der Zusammenarbeit im Vorfeld unter Beteiligung von interessierten Mitgliedern zu diskutieren, um die Stimmungslage im Verein auszuloten.

Auf den Punkt

Fragwürdige Partnerschaften, die nicht mit den Vereinszielen und dem Selbstverständnis des Vereins zusammenpassen, sind zu vermeiden.

4.2 Beiträge

4.2.1 Das Vereinsbeitragssystem – Grundlagen

Die Vereinsfinanzierung durch Mitgliedsbeiträge ist die gängige und wichtigste Form für Vereine. Beiträge sind eine langfristige, relativ sichere und verlässliche Einnahme, die dem Verein für seine Arbeit zur Verfügung steht. Grundsätzlich sollten diese Beiträge zumindest die laufenden Kosten des Vereins decken.

Wichtig ist es zu betonen, dass ein Mitgliedsbeitrag keine Spende ist, sondern eine in der Regel sehr geringe Gebühr, die von allen Mitgliedern erhoben wird. Diese Gebühr trägt dazu bei, dass ein Verein seine Arbeit aufrechterhalten kann. Es liegt also im Interesse aller Mitglieder, dass der erforderliche Mitgliedsbeitrag entrichtet wird, damit der Verein seine Tätigkeiten fortsetzen kann.

Auf den Punkt

Ein Verein sollte die Gestaltungsmöglichkeiten für die Beiträge gezielt nutzen!

Eine erste Übersicht gibt Abbildung 11, welche die Struktur der Beiträge zeigt. Einzelne Begriffe können in der Vereinspraxis abweichen. Zum Beispiel werden passive Mitglieder hier als »Fördermitglieder« bezeichnet. Abteilungsbeiträge richten sich auf die Mitgliedschaft in einer speziellen Abteilung und ihre Kostenstruktur, Sonderbeiträge fallen für einzelne Angebote auch innerhalb einer Abteilung an, die besonders kostspielig sind. Dazu gehören z. B. Angebote, die mit einer spezifisch qualifizierten und damit höher zu honorierenden Leitungskraft im Gegensatz zum normalen Vereinsbetrieb besetzt werden müssen.

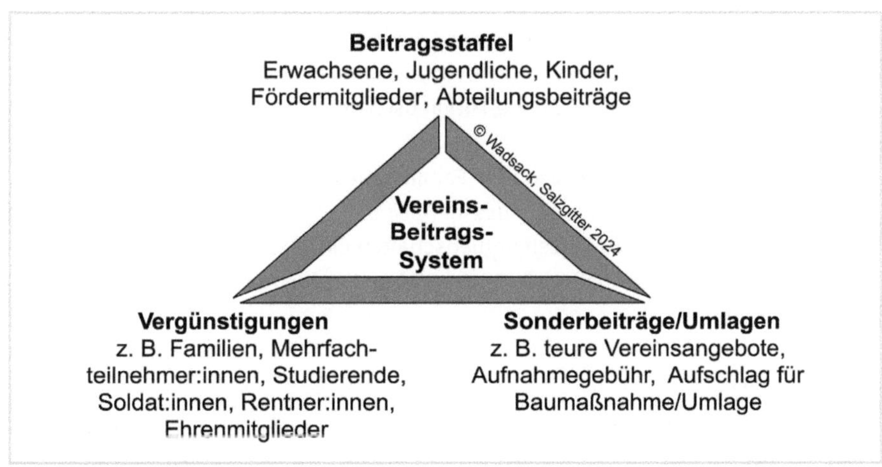

Abb. 11: Vereinsbeitragssystem

Der Verein hat unterschiedliche Gestaltungsmöglichkeiten, die entsprechend in der Satzung oder der Beitragsordnung zu regeln sind. Neben der finanziellen Bedeutung ist die Beitragsgestaltung auch ein Ausdruck des sozialen Selbstverständnisses des Vereins, z. B. wenn es um die Gestaltung von Vergünstigungen geht. Die weiteren Gestaltungsmöglichkeiten:

1. Beitragshöhe

Der Verein legt die Höhe der Mitgliedsbeiträge fest. Die Beitragshöhe kann je nach Art des Vereins, dem Leistungsumfang und den finanziellen Möglichkeiten der Mitglieder variieren. Sie sollte jedoch in einem angemessenen Verhältnis zu den Leistungen und Angeboten des Vereins stehen.

Es kann auch sinnvoll sein, die Beiträge für einzelne Vereinsangebote unterschiedlich zu gestalten, v. a. wenn sehr unterschiedliche Kosten mit den einzelnen Angeboten verbunden sind. Nicht immer sind alle Mitglieder damit einverstanden, mit einem Einheitsbeitrag teure Vereinsangebote zu subventionieren. Typisch ist dann eine Aufteilung in einen Grundbeitrag und einen Abteilungsbeitrag.

Liegt man mit dem Beitrag besonders niedrig, gilt es zu beachten ob damit eventuell Grenzwerte unterschritten werden, die z. B. eine Förderung durch den Dachverband verhindern.

2. Beitragsstruktur

Der Verein kann verschiedene Beitragskategorien einführen, beispielsweise für unterschiedliche Altersgruppen oder Mitgliedschaftsarten (z. B. Voll-, Jugend-, Fördermitglieder). Damit werden die Belastungen entsprechender Mitglieder unterschiedlich gestaltet.

Die Mitgliedschaftsformen müssen in der Satzung mit ihren Rechten und Pflichten abgebildet werden. Weitere in Vereinen vorfindbare Formen sind z. B.: Kursmitgliedschaft, Kurzzeitmitgliedschaft, Online-Mitgliedschaft.

Bei einem pauschalen Beitragssatz für Familienmitgliedschaften, also z. B. zwei Erwachsene und bis zu zwei Kinder, muss im Blick behalten werden, wie die finanzielle Auswirkung im Vergleich zu Einzelmitgliedschaften einzuschätzen ist. Nimmt der Anteil der Familienmitgliedschaften deutlich zu, kann das für den Verein zu einem Minusgeschäft werden.

Auf den Punkt

Familienmitgliedschaften sollten in Bezug auf ihre finanziellen Auswirkungen im Blick behalten werden.

Es ist ebenfalls zu regeln, inwieweit Aufnahmegebühren anfallen oder Arbeitspflichten für Mitglieder bestehen sollen. Gleiches gilt für Ersatzleistungen bei Nichterfüllen der Arbeitspflicht.

Ebenfalls ist zu regeln, welche Vereinsmitglieder von der Beitragspflicht befreit sein sollen.

3. Zahlungsmodalitäten

Der Verein legt fest, wann und wie die Mitgliedsbeiträge gezahlt werden sollen, z. B. monatlich, quartalsweise oder jährlich. Entweder überweisen die Mitglieder ihren Beitrag selbstständig oder es kann ein automatischer Beitragseinzug vereinbart werden, um den Verwaltungsaufwand auf beiden Seiten zu reduzieren.

Jährliche Beitragszahlungen führen zu einem Liquiditätsvorteil beim Verein, da der Gesamtbetrag schon zu Jahresbeginn auf dem Vereinskonto liegt. Dieses Zahlungsmodell kann mit einem Rabatt von z. B. einem Monatsbeitrag besonders attraktiv gemacht werden.

Wichtig ist, dass die Austrittzeitpunkte zu den Zahlungsterminen passen, um arbeitsaufwendige Rückerstattungen zu vermeiden.

4. Mahnwesen

Falls Mitglieder ihre Beiträge nicht rechtzeitig zahlen, sollte der Verein säumige Zahlungen einfordern und sicherstellen, dass alle Mitglieder ihren finanziellen Verpflichtungen nachkommen. Es ist dabei wichtig, klare Fristen und Konsequenzen für nicht gezahlte Beiträge festzulegen und entsprechend zu handeln.

5. Transparenz und Kommunikation

Der Verein sollte transparent über die Verwendung der Mitgliedsbeiträge informieren und den Mitgliedern regelmäßig Berichte über die finanzielle Situation des Vereins zur Verfügung stellen. Dies schafft Vertrauen und zeigt den Mitgliedern, dass ihre Beiträge sinnvoll eingesetzt werden.

6. Flexibilität

Der Verein sollte flexibel sein und möglicherweise individuelle finanzielle Vereinbarungen mit Mitgliedern treffen können, die aufgrund von finanziellen Schwierigkeiten den Beitrag nicht vollständig zahlen können.

4.2.2 Beitragserhöhung als strategische Aufgabe

Die Beiträge bilden je nach Kündigungsfristen und Zahlungsverhalten der Mitglieder eine stabile Grundlage für die Vereinsfinanzierung. Das darf aber nicht nur unter dem Aspekt der minimalen Höhe gesehen werden. Dies ist den Mitgliedern mit einer guten, auf den Vereinszielen und der Vereinsarbeit aufbauenden Argumentation deutlich zu machen. Nicht alle notwendigen Ressourcen, die der Verein benötigt, können kostenfrei verfügbar sein bzw. durch engagierte Mitglieder unentgeltlich eingebracht werden.

Gerade in der heutigen Zeit sind auch Vereine von steigenden Kosten betroffen. Zudem führt die Zurückhaltung für unentgeltliches Engagement dazu, dass Leistungen eingekauft werden müssen. Das sind zusätzliche Belastungen für die Vereinskasse. Ein weiterer Auslöser für eine Beitragserhöhung kann in der strategischen Planung des Vereins für die Zukunft liegen. Eine Erhöhung der Beiträge lässt sich nicht immer vermeiden. Die Beitragserhöhung geschieht im Hinblick auf Maßnahmen, welche die Vereinsarbeit in Zukunft sichern oder auf ein neues Niveau heben sollen.

Auf der anderen Seite steht die Scheu vor einer Beitragserhöhung. Immer wieder wird auf die Gefahr von Austrittswellen, schwierigen Diskussionen mit den Mitgliedern und Vorwürfen an den Vorstand verwiesen. In der Praxis zeigt sich dies kaum.

Auf den Punkt

Die gut vorbereitete Begründung einer Beitragserhöhung wird von den Mitgliedern häufig akzeptiert.

Ein Beispiel aus der Vereinspraxis

Bei der Mitgliederversammlung legt der Vorstand einen Antrag auf Erhöhung des monatlichen Beitrags um 0,50 Euro vor und begründet diesen ausführlich mit der Finanzlage. Aus dem Kreis der Mitglieder wird eine Änderung des Antrags auf 1 Euro Erhöhung vorgeschlagen und letztlich von der Versammlung mit großer Mehrheit beschlossen.

Die Vereinsführung muss alle Argumente für eine Beitragserhöhung gewissenhaft und sorgfältig vorbereiten. Dabei kann die folgende Arbeitshilfe 8 nützlich sein.

DIGITALE EXTRAS

Begründungen für eine Beitragserhöhung im Verein		
Was?	**Wofür?**	**Wie viel?**
Allgemeine Kostensteigerungen	Gestiegene Betriebsausgaben des Vereins, z. B. durch höhere Mieten, Energiekosten oder steigende Verbandsabgaben bzw. Versicherungsprämien	
Personalkosten	Gestiegene Ausgaben für Betreuer:innen, Trainer:innen, z. B. Mindestlohn, Gehälter, Sozialleistungen oder Schulungen	
Investitionen in die Infrastruktur	Verbesserung oder Ausbau der Infrastruktur, z. B. Wartung, Reparatur, durch Renovierungen oder den Kauf neuer Geräte für den Vereinsbetrieb	
Erweiterung des Leistungsangebots	Erweiterung des Leistungsangebots, z. B. durch die Einstellung zusätzlicher Trainer:innen, die Organisation von neuen Veranstaltungen und Wettkämpfen oder Bildungsprogrammen	
Inflation und allgemeine Preissteigerungen	Die vorhandenen Mitgliedsbeiträge reichen nicht mehr aus, um die laufenden Kosten des Vereins zu decken.	
Ausgleich von Defiziten	Ausgleichen von Defiziten, Abzahlen von Schulden oder Nachkommen finanzieller Verpflichtungen aus der Vergangenheit Achtung: Am ehesten für eine neue Vereinsführung als Argument nutzbar, da sie nicht der Verursacher der finanziellen Not ist, sonst besteht die Gefahr einer Diskussion um Misswirtschaft.	
…	…	

Arbeitshilfe 8: Begründungen für eine Beitragserhöhung im Verein

Es ist wichtig, den Mitgliedern die Gründe transparent zu kommunizieren und zu zeigen, wie Erhöhungen zur Unterstützung der Vereinsziele beitragen und welche konkreten Vorteile die Mitglieder daraus ziehen können. Eine offene Kommunikation und die Möglichkeit für die Mitglieder, Fragen zu stellen und ihre Meinung zu äußern, sind dabei entscheidend.

Auf den Punkt

Die Beitragserhöhung sollte schon vor der Mitgliederversammlung zum Thema gemacht werden, um Argumente und Stimmungen aufnehmen zu können. Zudem werden so einige Diskussionen schon im Vorfeld geführt, die im Rahmen der Mitgliederversammlung schwierig wären.

Um die finanzielle Situation transparent zu machen, können beispielsweise zwei Argumentationswege gewählt werden:

- Offenlegung der finanziellen Situation des Vereinsbetriebes – wo bleibt der Vereinsbeitrag (siehe unten)?
- Aufzeigen von Vergleichsgrößen aus dem Lebensumfeld der Mitglieder (siehe Abbildung 12)

Ein Beispiel aus der Vereinspraxis

Hier ein vereinfachtes Beispiel zum Verbleib des Vereinsbeitrags. Es wird von einem jährlichen Durchschnittsbeitrag je Mitglied von 53,28 Euro ausgegangen:

Ausgaben pro Mitglied für:	
• Kosten Verband, Berufsgenossenschaft	–2,52 €
• Kosten Geschäftsstelle, Vereinsverwaltung	–4,75 €
• Personalkosten Verwaltung (bezahlte Mitarbeiter:innen)	–9,88 €
• Personalkosten Vereinsimmobilie (Hausmeister, Grünanlagen)	–9,02 €
• Betriebskosten Vereinsimmobilie	–10,60 €
• Kosten Jugendarbeit, überfachlich	–2,69 €
• Veranstaltungen	–3,79 €
• Personalkosten, Honorare Vereinsangebote	–21,29 €
• Sonstige Kosten Vereinsangebote	–12,19 €
Ausgaben pro Mitglied gesamt	**–76,73 €**
Mitgliedsbeitrag, Durchschnitt je Mitglied	**53,28 €**
Über-/Unterdeckung durch Mitgliedsbeitrag	**–23,45 €**

Beispiel zum Verbleib des Vereinsbeitrags. Quelle der Vorlage: https://www.sportbund-rheinland.de/fileadmin/sportbund/_downloadcenter/Mitgliedsbeitrag_im_Verein/Argumentationshilfe_Vereinsbeitrag.pdf; hier zusammengefasst und neutralisiert

Diese Übersicht zeigt ja nichts anderes, als dass sich die Vereinsführung bemühen muss, die restlichen Gelder zu beschaffen. Je weniger davon z. B. aus regelmäßigen Verbandszuschüssen kommt, umso intensiver müssen weitergehende Anstrengungen unternommen werden.

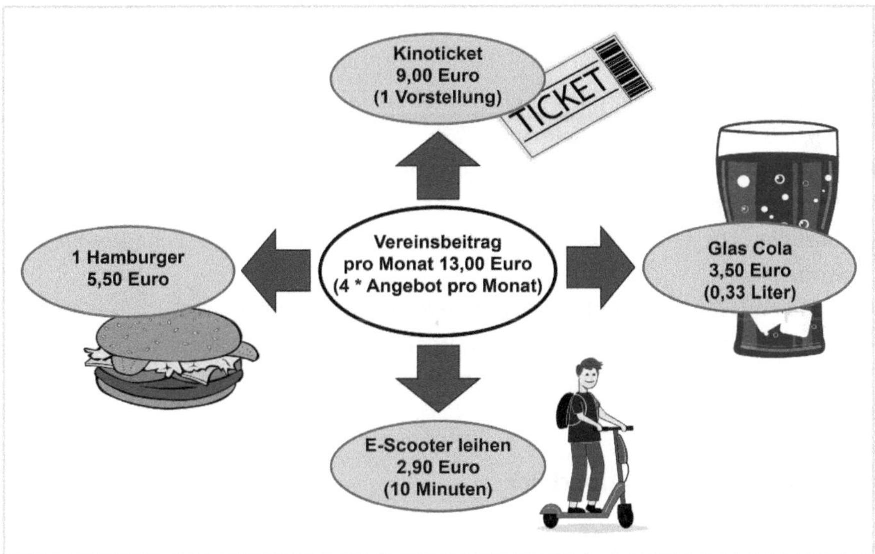

Abb. 12: Preise aus dem Lebensumfeld als Vergleichsgrößen (Stand März 2024, Preisunterschiede nach Region und Anbieter)

Besondere Herausforderungen liegen darin, schlüssige Finanzierungskonzepte zu präsentieren. Beispiele sind der Neubau eines Vereinsheims, die Anlage eines zusätzlichen Spielfelds oder die erstmalige Einstellung eines bezahlten Geschäftsführers – sozusagen »Investitionen in die Zukunft des Vereins«. In diesen Fällen liegt die Aufgabe darin, ein nachvollziehbares Finanzierungskonzept zu präsentieren, das die Beitragsfinanzierung als begründete und vom Umfang her vertretbare Ergänzung beinhaltet. Vor allem muss die Sachorientierung der Maßnahme im Hinblick auf das Vereinsziel deutlich werden.

Auf den Punkt

Gerade bei Zukunftsinvestitionen ist es wichtig, die Mitglieder für die geplante Maßnahme zu begeistern. Ist etwa ein neues Vereinsheim geplant, sollte man, wenn möglich, schon eine Zeichnung oder vielleicht ein kleines animiertes Video anfertigen (lassen), wie das neue Haus aussehen wird. Dadurch wird der Grund der Beitragserhöhung für die Mitglieder »sichtbar« und es fällt ihnen leichter zuzustimmen.

Beiträge sind eine zentrale Einnahmequelle zur Finanzierung der Vereinsarbeit, das ist nun schon mehrfach angeklungen. Eigentlich sollten die Beitragseinnahmen verbunden mit dem freiwilligen Engagement ausreichen, um die Interessen der Mitglieder zu verwirklichen. Trotzdem sehen sich viele Vereine tagtäglich mit finanziellen Herausforderungen konfrontiert und müssen neue Finanzierungsmöglichkeiten erschließen.

4.3 Fundraising

Eine der neueren Finanzierungsmöglichkeiten ist das Fundraising. Fundraising bedeutet (vgl. z. B. Fabisch 2013, Urselmann 2023):

- strategisch angelegte Beschaffung von Ressourcen für eine gemeinwohlorientierte Organisation
- bezogen auf finanzielle Mittel, Sachwerte, Zeit/freiwilliges Engagement und Know-how
- systematische Arbeit unter Einsatz von Marketingprinzipien
- von verschiedenen gemeinnützigen Organisationen professionell betrieben, entsprechende Qualifizierungsmaßnahmen vorhanden

4.3.1 Fundraising im Überblick

Möchte man im Fundraising erfolgreich sein, muss man sich die Mühe machen, ansprechende Konzepte zu entwickeln und gut umzusetzen. Das Spektrum der Fundraising-Möglichkeiten ist groß, wie aus der Fundraising-Pyramide zu erkennen ist.

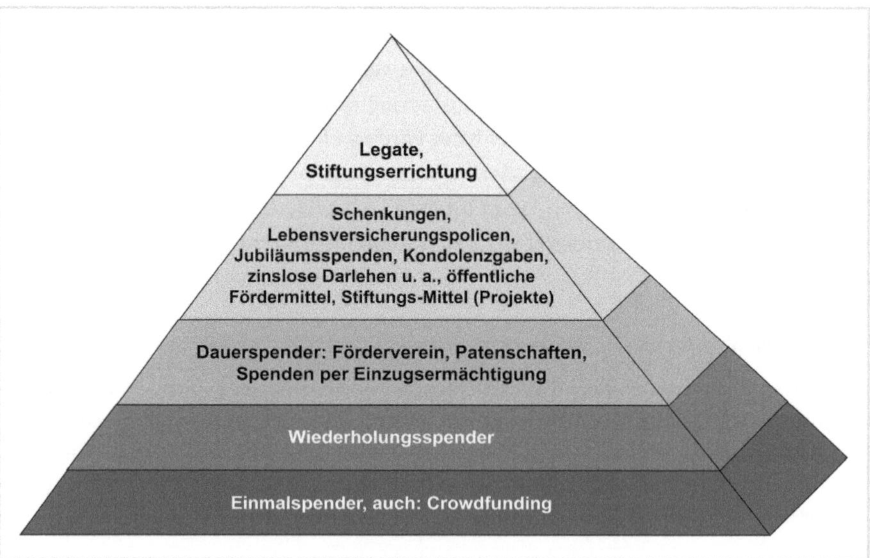

Abb. 13: Fundraising-Pyramide (modifiziert und aktualisiert nach: Burens 1995, 66)

Hier einige kurze Erläuterungen zu den aufgeführten Fundraising-Formen. Formen mit besonderer Bedeutung für die Vereinspraxis werden in den folgenden Kapiteln näher vorgestellt.

- Eine **Spende** (Kap. 4.3.2) bedeutet, vereinfacht gesagt, die freiwillige Hergabe von Geld oder anderen Leistungen für einen Empfänger ohne die Erwartung einer Gegenleistung, abgesehen von einer Spendenbescheinigung für die Steuererklärung. Häufigkeit und Weg der Spenden können sehr unterschiedlich sein. Bei den Spenden ordnen wir auch die Patenschaften ein, wenn z. B. die Unterstützung eines künstlerischen oder sportlichen Nachwuchstalents durch einen Dritten erfolgt. Ebenfalls zu den Spenden gehören die Jubiläumsspenden und die Kondolenzgaben.
- **Crowdfunding** (Kap. 4.3.3) hat sich in der letzten gut zehn Jahren etabliert und bezieht sich nicht nur auf Spenden, sondern kann z. B. auch für die Erlangung von Krediten oder Kapital eingesetzt werden. Crowdfunding wird auch als »Schwarmfinanzierung« bezeichnet. Dabei soll eine größere Anzahl Menschen überzeugt werden, einen Verein, meist bezogen auf eine bestimmte Aktion oder ein Projekt, finanziell zu unterstützen.
- **Fördervereine** (Kap. 4.3.4) sind speziell gegründete Vereine, welche die Unterstützung einer gemeinnützigen Organisation zum Ziel haben. Die Gewinnung von Ressourcen steht im Mittelpunkt der Arbeit.
- **Öffentliche Fördermittel** (Kap. 4.3.7) sind je nach Aufgabengebiet des Vereins eine Möglichkeit, auf kommunaler, Landes- oder Bundesebene Finanzierungshilfen in Anspruch zu nehmen. Darüber hinaus können auch Förderprogramme der EU infrage kommen, was aber für den normalen Verein aufgrund des Aufwands keine echte Option ist.
- **Stiftungsgelder** (Kap. 4.3.6) beruhen auf dem Zusammentreffen von Finanzierungsanlass des Vereins und Stiftungszweck. Stiftungen sind Einrichtungen, die aus den verfügbaren Stiftungsmitteln Projekte und Anschaffungen unterstützen können.
- Eine andere Option ist die **Stiftungserrichtung speziell für einen Verein** (Kap. 4.3.6.3). Dazu muss ein entsprechendes Stiftungskapital eingebracht werden.
- **Lebensversicherungspolicen** weisen auf die Möglichkeit für ein Vereinsmitglied hin, bei einer Lebensversicherung einen Verein als Begünstigten einzutragen.
- **Schenkungen** sind weitergehende Übereignungen aus dem eigenen Vermögen ohne Gegenleistung (BGB § 516).
- Ein **Legat** (Kap. 4.3.8) bedeutet die Berücksichtigung eines Vereins in einem Testament, was besonders bei einer engen Verbundenheit mit dem Verein bzw. seinem Ziel und seiner Arbeit wirksam sein kann.
- Beim **Geldauflagen-/Bußgeld-Fundraising** (Kap. 4.3.8) können Geldauflagen, die in Gerichtsverfahren im Urteil festgelegt werden, an eine gemeinnützige Organisation fließen.
- **Wettbewerbe, Förderpreise, Tombolas, (Landes-)Lotterien und Medienfonds** (Kap. 4.3.8)

4.3.2 Spenden

Eine Spende ist eine Zuwendung an eine gemeinnützige Organisation, die den satzungsgemäßen, steuerbegünstigten Zweck fördert und keine Gegenleistung erfordert – egal, ob die Spende von Privatpersonen oder von Unternehmen geleistet wird. Zu beachten ist dabei, dass ein Verein die Spendeneinnahmen so dokumentieren muss, dass die Aufzeichnungen auch einer detaillierten Steuerprüfung standhalten.

4.3.2.1 Spendenmarkt und Spendenarten

Genauso breit wie das Spektrum der gemeinnützigen Organisationen ist die Spanne der Spendenzwecke. Abbildung 14 zeigt die Verteilung des privaten Geldspendenvolumens in Deutschland nach einer repräsentativen Befragung im Jahr 2022/2023, unterteilt nach verschiedenen Spendenzwecken.

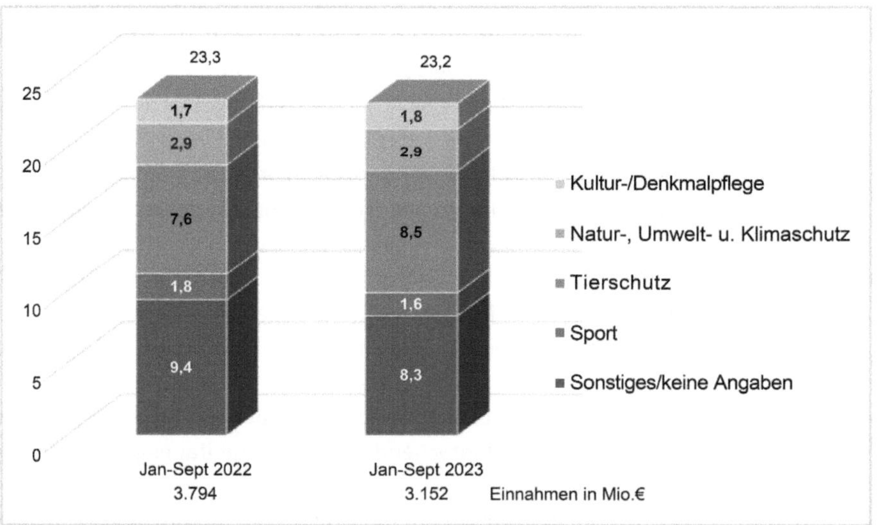

Abb. 14: Verteilung des privaten Geldspendenvolumens nach Spendenzweck in Deutschland; Spendenzwecke nach Selbsteinschätzung der Spender – Anteile an den Einnahmen in %; Jan. bis Sept. 2022 vs. Jan. bis Sept. 2023 (Quelle der Daten: Corcoran/Consumer Panel GfK)

Dabei können die Arten der Spenden sehr unterschiedlich sein, wie schon aus der Fundraising-Pyramide erkennbar ist:

- **Einmalspenden:** Sammlung von Spenden z. B. bei einer Veranstaltung per Sammelbüchse. Natürlich sind auch andere Zahlungswege, z. B. Überweisung oder Einzug, möglich. Die Einmalspende bietet bei Aufnahme von Kontaktdaten die Möglichkeit der Ansprache und die Aussicht auf eine wiederholte Spende.
- **Wiederholungsspenden:** Zur Stabilisierung der Finanzquelle »Spenden« ist es hilfreich, wenn eine Spende verstetigt wird. Dies kann z. B. durch eine schriftliche Abmachung mit der Erteilung einer Einzugsermächtigung erfolgen.
- **Patenschaften:** Die Unterstützung z. B. eines talentierten, jungen Menschen bei der Aktivität im Verein über längere Zeit, um eine gute und erfolgreiche Entwicklung zu ermöglichen. Dies kann regelmäßig, z. B. durch einen Beitrag zum Lebensunterhalt oder auch punktuell z. B. für die Teilnahme an Fortbildungen oder Wettbewerben sein.
- **Jubiläumsspende:** Aus Anlass eines Firmenjubiläums, einer langen Unternehmenszugehörigkeit mit einer entsprechenden Feier oder eines runden Geburtstags kann ein Mensch den Wunsch äußern, dass anstatt der Geschenke eine Spende an einen ausgewählten Verein erfolgt. Gerade bei einer engen Bindung an den Verein ist dies ein naheliegender Gedanke. Es entlastet zudem die Gäste, sich Gedanken über gute Geschenke zu machen.
- **Kondolenzgabe:** Bei einem Todesfall sind in den entsprechenden Anzeigen häufiger Hinweise darauf zu finden, dass man von Kranzspenden absehen möge und stattdessen lieber eine Spende an eine bestimmte Organisation gibt. Das können auch Vereine oder Fördervereine sein.

Folgende Sonderformen der Spenden sind zum Teil in der Vereinspraxis anzutreffen:

- **Pfandsammlung:** Neben den Pfandautomaten in Lebensmittelmärkten finden sich teilweise Sammelboxen, wo die Pfandgutschriften eingeworfen werden können. Die Empfängerorganisation und die Verwendung werden in Kurzform präsentiert.
- **Leergutsammlung:** Eine Variante ist die Leergutsammlung, z. B. bei einer größeren Veranstaltung (Konzert, Sport …) mit der Ausgabe von Pfandbechern. In den Pausen bzw. nach der Veranstaltung gehen Freiwillige durch die öffentlichen Bereiche, durch ein Fähnchen kenntlich gemacht, und sammeln die gut stapelbaren Kunststoffbecher. Der damit erarbeitete Pfand-Gegenwert kommt dem gemeinnützigen Zweck zugute. Das Vorgehen muss selbstverständlich mit dem Veranstalter abgestimmt sein.
- **Gehaltsspenden:** In manchen Unternehmen haben die Mitarbeiter:innen die Möglichkeit, den Cent-Betrag aus ihrer Gehaltsabrechnung in eine Spendenaktion zu überführen. Meist zum Jahresende wird dann durch einen Kreis von Mitarbeiter:innen entschieden, an welche Projekte die Gelder ausgeschüttet werden sollen.

Ein Beispiel

Die Initiative »Deutschland rundet auf« arbeitet mit verschiedenen Partnern im Handel zusammen und fördert aus Beträgen, die aus Aufrundungen an der Kasse zusammenkommen, soziale Projekte im Kinder- und Jugendbereich von verschiedenen Trägern. Teils werden die Beträge zu bestimmten Anlässen (z. B. Weltkindertag) durch die Handelsunternehmen aufgestockt (siehe https://deutschland-rundet-auf.de/de/; 31.03.2024).

4.3.2.2 Spendensammeln erfordert gutes Marketing

Egal ob Einmalspende, Wiederholungsspende oder Crowdfunding. Da Menschen überzeugt werden sollen, etwas aus ihrem Besitzstand abzugeben, muss eine gute Begründung geboten werden – und das mit Blick auf die Informationsüberlastung der Menschen in ihrem Leben. Es muss gelingen, die Aufmerksamkeit auf die Spendenaktion des Vereins zu lenken.

Auch wenn die Quelle schon ein wenig älter ist (vgl. Diakonisches Werk der evangelischen Kirche 1993, 446), sind die grundlegenden Typen von Spendergruppen weiterhin gültig. Sie zeigen die zentralen Auslöser für die Bereitschaft zu einer Unterstützung:

- Erwartung der Realisierung von Einrichtungen, die auch der Spender nutzen kann, z. B. Vereinsheim, Bouleplatz, Geräte für den Vereinsbetrieb, wie Instrumente, Computertechnik oder Sportgeräte.
- Erwartung eines großen Erfolgs der Spendenaktion mit Erreichen oder sogar Überschreiten des Spendenziels. Menschen sehen sich gern als Teil eines Erfolgs.
- existenzielle Betroffenheit von Nahestehenden, z. B. Kindern, Enkeln, Nachbarn.
- Abbau von Schuldgefühlen bezogen auf den eigenen Wohlstand, die eigene Gesundheit oder die eigene Inanspruchnahme durch lange Vereinsmitgliedschaft.
- allgemeine Dankbarkeit für das Engagement des Vereins in der Gesellschaft, für den Anteil des Vereins an der Bereicherung des eigenen Lebens.
- ethische Verantwortung wie Mitgefühl und Nächstenliebe zur Schaffung von Angeboten, um in verschiedensten Belangen bedürftige Menschen in der Gesellschaft zu unterstützen.

Die Menschen müssen an einem Punkt berührt werden, der bei ihnen Hilfsbereitschaft auslöst. Dies wird besonders deutlich, wenn in einem Spendenjahr die »Katastrophenqualität« als Auslöser für die Spendenbereitschaft betrachtet wird, also Ereignisse, die in besonderem Maße menschliche Schicksale berühren, wie z. B. Überschwemmungen und Erdbeben.

Auf den Punkt

Es lohnt sich, selbst erlebte Spendenaktivitäten einmal genauer anzuschauen. Von der Ansprache in der Fußgängerzone über Spendenbriefe im heimischen Briefkasten bis zu Plakaten und anderen Formaten. Die genannten Spendenargumente lassen sich immer wieder finden.

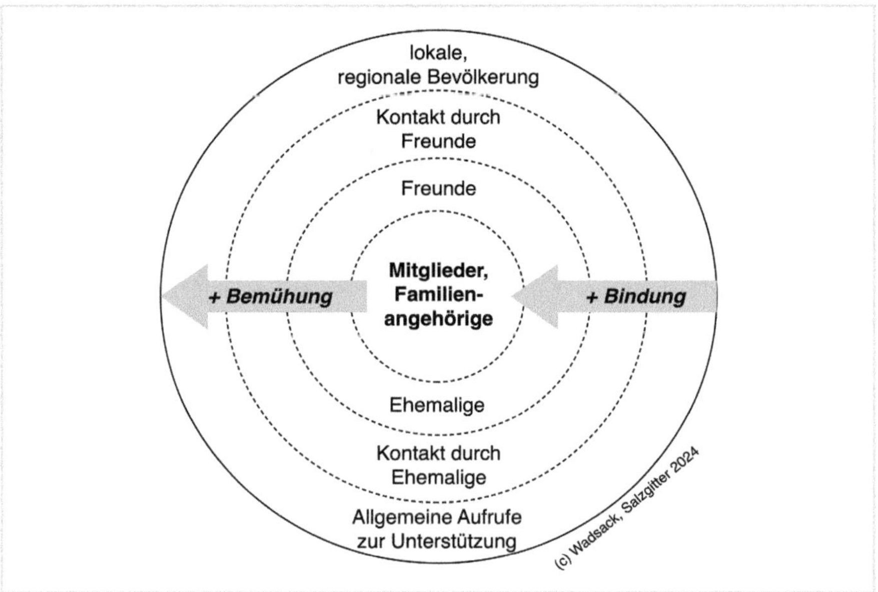

Abb. 15: Fundraising-Zielgruppen aus Vereinssicht

Die Wahl der Argumentation hängt eng mit den Zielgruppen zusammen, die angesprochen werden sollen. Frei nach der Fundraising-Weisheit »Charity begins at home« ist es zunächst einfacher, im Verein und seinem direkten Umfeld auf die Suche nach Spender:innen zu gehen (Abbildung 15). Die Ausweitung auf den Stadtteil oder die Kommune insgesamt erfordert dann schon weitergehende Kommunikationsmaßnahmen. Die Form der Ansprache muss in jedem Fall authentisch, also glaubwürdig, sein.

Ein Beispiel aus der Vereinspraxis

Ein Verein hat eine Show organisiert, beteiligt sind junge und alte Mitglieder. Die Veranstaltung soll auch für eine Spendenaktion genutzt werden. In einer Pause geht ein älteres, weißhaariges, sehr freundliches Mitglied durch die Reihen und schwingt die Sammelbüchse. »Für die Vereinsjugend« steht darauf. Er wird angesprochen: »Hast du es nötig für die Jugendlichen sammeln zu gehen? Es laufen doch genug Kids herum!« Das Signal ist angekommen, nach kurzer Zeit geht das Rappeln der Sammelbüchse weiter, nur diesmal persönlich von einem jugendlichen Mitglied getragen. Glaubwürdigkeit und Symbolik müssen bei einer solchen Aktion stimmen, so ehrenwert der Einsatz des älteren Mitgliedes auch war.

Voraussetzungen für eine erfolgreiche Spendenarbeit sind klare Ziele des Vereins und die Glaubwürdigkeit der Umsetzung der versprochenen Maßnahmen. Eine kompetente Betreuung der Spender:innen vom »Danke« für eine einmalige Spende bis hin zur nachträglichen Information über die Mittelverwendung und die Ausstellung einer Spendenbescheinigung ist selbstverständlich. Hinzu kommt u. U. das Aufrechterhalten des Kontakts, wenn eine Spenderbeziehung aufgebaut werden soll.

Auf den Punkt

Glaubwürdigkeit ist das höchste Gut bei Spendenkampagnen.

4.3.3 Crowdfunding

Der Begriff »Crowdfunding« setzt sich aus den englischen Begriffen »crowd« (Menschenmenge) und »funding« (Finanzierung) zusammen. Das heißt, eine große Zahl von Menschen unterstützt ein Projekt finanziell. Der deutsche Begriff ist häufig »Schwarmfinanzierung«. Die Gegenleistung dafür hängt vom jeweiligen Modell ab. Crowdfunding ist typischerweise projektorientiert, d. h. es wird für eine Anschaffung des Vereins oder eine spezielle Maßnahme gesammelt wie z. B. eine Freizeit oder eine Wettbewerbsteilnahme. Einige Beispiele von verschiedenen Crowdfunding-Plattformen (Quellen siehe Tabelle 21):

- Hilfe für ein Kinderhospiz
- Baumhaus für einen Waldkindergarten
- Hilfe für einen Gnadenhof für Tiere
- Konzertreise eines Jugendorchesters
- Veranstaltung eines Jazzkonzerts
- Unterstützung einer Initiative zu fair produzierter Mode in Indien

Auf den Punkt

Auch bei einer Crowdfunding-Aktion müssen die Unterstützer:innen mit einer überzeugenden Begründung dazu gebracht werden zu spenden.

Neben der reinen Spendensammlung gibt es auch die Varianten:

- **Crowdinvesting:** Unterstützung eines Investitionsprojekts mit Aussicht auf eine Teilhabe am Eigenkapital bzw. am finanziellen Erfolg des Projekts
- **Crowdlending:** Unterstützung eines Projekts in Form eines privaten Kredits
- **Crowddonating:** Unterstützung eines Projekts durch die Einzahlung von Geld verbunden mit einer Gegenleistung, z. B. in Form eines Sachgutes

Je nach Anlage einer Crowdfunding-Kampagne werden neben der reinen Werbung auch kleine Sachpreise zur Verfügung gestellt, die sich nach der Spendenhöhe richten. Diese können vom Verein selbst oder von Partnern des Vereins kommen. Die grundlegenden Schritte zeigt Abbildung 16.

Abb. 16: So funktioniert Crowdfunding (Crowdfunding.de, https://www.crowdfunding.de/was-ist-crowdfunding/; 23.02.2024)

Diese Gegenleistungen können unterschiedliche Formen annehmen, der Kreativität sind wenig Grenzen gesetzt. Beispiele (mit Anregungen von der Plattform fairplaid.org):

- Postkarte mit Unterschriften der Vereinsgruppe, der die Crowdfunding-Aktion zugutekommt
- eine Stunde Rasenmähen durch ein Mitglied
- eine exklusive Übungseinheit aus dem Vereinsprogramm mit dem Spender bzw. der Spenderin
- eine Aktion einer Vereinsgruppe (sportlich, Gesang, Performance ...)
- ein von einem Mitglied gebackener Kuchen

In Laufe der Jahre haben sich im Internet einige Plattformen etabliert, welche die Durchführung von Crowdfunding-Aktivitäten unterstützen. Abgesehen von der Crowdfunding-Art besteht ein wichtiger Unterschied auch darin, ob die eingenommenen Gelder generell oder nur bei Erreichen der Zielsumme ausgezahlt werden. Das Erreichen der Zielsumme wird als Hinweis genommen, dass das beworbene Projekt damit auch wirklich umgesetzt werden kann, was bei einer nur teilweisen Erreichung nicht garantiert ist.

Teils arbeiten die Plattformen mit Partnerorganisationen zusammen, die entsprechende Projektaktivitäten durch Zuzahlung zu eingeworbenen Mitteln unterstützen.

Aber auch die Themenbereiche sind sehr weit gefächert. Eine kleine Auswahl bietet die folgende Tabelle 21:

Name	Internetadresse	Arbeitsfelder
betterplace	https://www.betterplace.org/de	Soziales (Privatperson, Institution, Initiative, Verein)
99Funken	https://www.99funken.de	soziale Initiativen, Vereine und lokale Projekte
fairplaid	https://www.fairplaid.org	Sportprojekte
EcoCrowd	www.ecocrowd.de	Nachhaltigkeit, Umweltschutz
Kickstarter	https://www.kickstarter.com	kreative Projekte, vorwiegend aus der Tech-, Film-, Design- und Musikbranche

Tab. 21: Beispiele für Crowdfunding-Plattformen (Stand: März 2024)

Tipp

Allgemeine Informationen zum Thema Crowdfunding und Links zu geeigneten Plattformen bietet www.crowdfunding.de.

Bei der Auswahl einer Plattform sollte geprüft werden,

- wie die Konditionen für eine Projektdurchführung sind,
- welche Unterstützung durch die Plattform gegeben wird und
- welche Bedingungen für die Auszahlung bestehen (»alles oder nichts« oder »das, was angekommen ist, wird ausgeschüttet«).

Ist die Entscheidung gefallen, eine Projektidee über eine Crowdfunding-Aktion zu finanzieren, sind nach der Auswahl einer geeigneten Plattform wichtige Aufgaben zu erledigen (Abbildung 17).

Auf den Punkt

Die Plattform bietet den Rahmen, den der Verein aktiv füllen muss.

Das Einstellen eines Projekts auf einer Crowdfunding-Plattform ist nur eine Voraussetzung für den Erfolg. Die eigentliche Arbeit liegt vorrangig beim Verein: Jetzt geht es um die Aktivierung von Unterstützern, die auf die Plattform gehen und entsprechende Spenden einzahlen.

Auf den Punkt

Erfolgreiches Crowdfunding muss durch massive Marketingarbeit des Vereins zum Erfolg geführt werden.

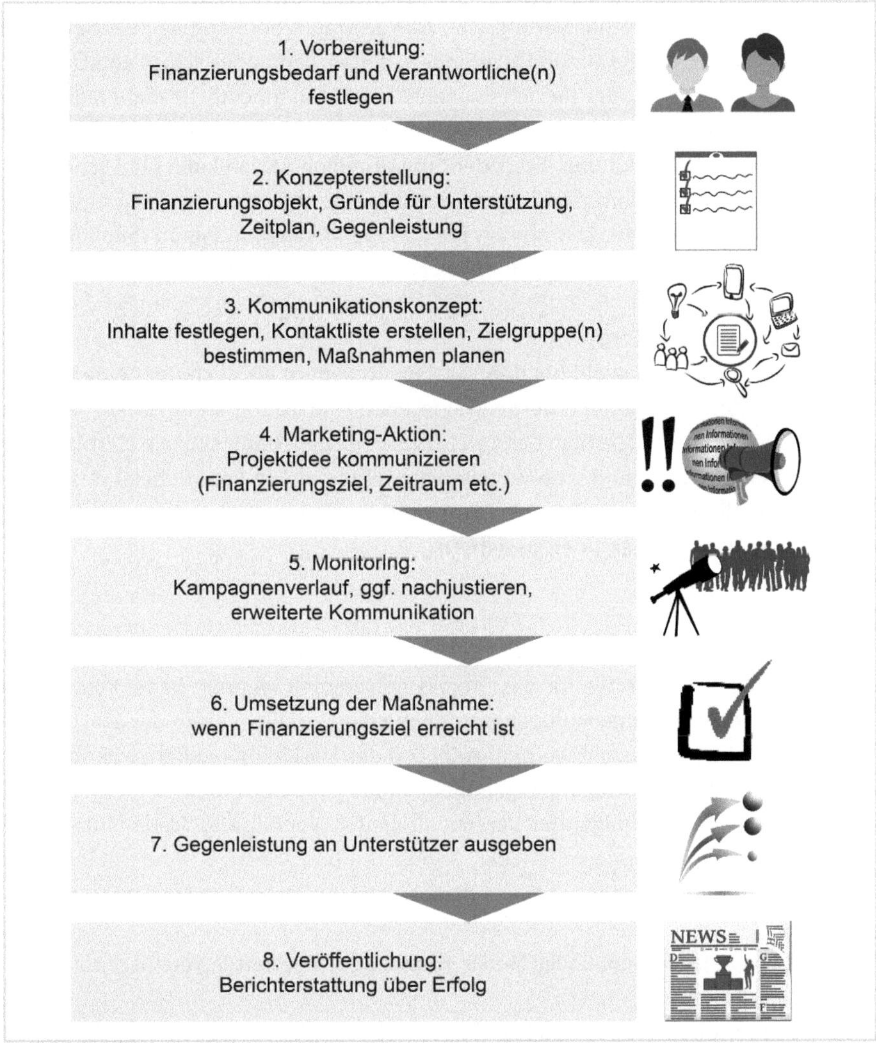

Abb. 17: Übersicht: Schritte einer Crowdfunding-Aktion (Grafik: Wach)

1. Vorbereitung

Zunächst müssen Informationen zum geplanten Projekt gesammelt werden. Außerdem sollte der Finanzierungsbedarf in Erfahrung gebracht werden, ggf. durch den Vereinsvorstand/Schatzmeister:in. Wichtig ist zudem, eine:n Verantwortliche:n im Verein für die Organisation der Crowdfunding-Aktion festzulegen. Danach erfolgt die Suche nach einer geeigneten Crowdfunding-Plattform und die Zusammenstellung der benötigten Materialien bzw. Unterlagen.

2. Konzepterstellung

Das zu finanzierende Projekt muss transparent und realistisch dargestellt werden. Die Unterstützer:innen wollen wissen, wen und was sie genau unterstützen. Dazu gehören Informationen zum Finanzierungsziel, zum Zeitraum der Kapitaleinwerbung und zur Gegenleistung für die Unterstützer:innen. Jede:r kann aber selbst entscheiden, mit welchem Betrag er oder sie sich finanziell beteiligen möchte. Je mehr Menschen den Sinn und Zweck des Projekts erkennen und sich damit identifizieren, umso größer die Erfolgsaussichten. Vor dem Start der Crowdfunding-Aktion kann man schon einmal bei Vereinsmitgliedern nachfragen, wer sich eine Unterstützung und in welcher Höhe vorstellen kann. Als Zeitrahmen für die Spendensammlung im Rahmen einer Crowdfunding-Aktion sollte eine Dauer von zwei bis vier Wochen eingeplant werden.

3. Kommunikationskonzept

Die Projektidee muss sowohl bei den Vereinsmitgliedern als auch über eine Crowdfunding-Plattform vorgestellt werden. Eine Pressemitteilung kann zudem hilfreich sein, um Zielgruppen außerhalb des Vereins zu erreichen. Dafür sind ein Zeitplan, Materialien (Bilder, Texte) und eine Verteilerliste hilfreich. Alle Kommunikationskanäle des Vereins sollten genutzt und eingeplant werden, um einen lebendigen Kontakt mit potenziellen Unterstützer:innen zu sichern.

4. Marketingaktion

Das notwendige Marketing ist die wichtigste Eigenleistung des Vereins. Schon in der Startphase sollte kräftig für das Projekt getrommelt werden. Dabei können die Vereinsmitglieder wichtige Multiplikator:innen sein. Vor allem muss der Starttermin rechtzeitig bekannt gemacht werden. Während des Marketings sollten, wie oben bereits erwähnt, alle zur Verfügung stehenden Kanäle genutzt werden:

- **Mund-zu-Mund-Propaganda:** Vereinsmitglieder, Verwandte, Freund:innen und Kolleg:innen der Vereinsmitglieder, Sponsoren und sonstige Unterstützer:innen des Vereins, Öffentlichkeit (z. B. durch einen genehmigten Stand in der Fußgängerzone);
- **vereinseigene Medien:** Social Media, Homepage, Newsletter, Vereinszeitung, Vereins-App;
- **Vereinsveranstaltungen** und **Events**;
- **Pressearbeit**.

Eigene Videofilme, eventuell (genehmigte) persönliche Aktionen an öffentlichen Stellen können die Crowdfunding-Aktion lebendig begleiten.

5. Monitoring

In der Finanzierungsphase müssen möglichst viele Unterstützer:innen von der Idee überzeugt werden. Deshalb ist eine dauerhafte und fortlaufende Überwachung des Erfolgs der Crowdfunding-Kampagne notwendig, damit ggf. zusätzliche Kommunikationsmittel eingesetzt werden können.

6. Umsetzung der Maßnahme

Bei den meisten Plattformen wird das Geld nur, wenn das Finanzierungsziel erreicht ist, an den Verein ausbezahlt. Wenn das Ziel nicht erreicht wird, bekommen die Unterstützer:innen ihren Beitrag zurück. Allerdings gibt es einzelne Plattformen, die das eingezahlte Geld auch unterhalb des Zielbetrags an den Empfänger weiterleiten. Nach Auszahlung kann mit der **Umsetzung des Projekts** begonnen werden.

7. Gegenleistung

Je nach Crowdfunding-Art bekommen die Unterstützer:innen zeitnah die versprochene **Gegenleistung**. Das können ein kleines Dankeschön, eine ideelle Danksagung oder auch Zinsen sein.

8. Veröffentlichung

Anschließend sollte die **erfolgreiche Umsetzung** der Projektidee veröffentlicht werden. Vielleicht bietet sich ein Pressetermin oder sogar eine Veranstaltung an, zumindest eine Präsentation in den Vereinsmedien sollte möglich sein. Bei Abschluss eines größeren Projekts kann der Verein auch für alle Mitglieder eine gemeinsame Feier organisieren.

In der folgenden Arbeitshilfe sind die Schritte einer Crowdfunding-Aktion als Checkliste zusammengestellt.

DIGITALE EXTRAS

Crowdfunding-Aktion			
Verantwortlich im Verein:	**Wer macht es?**	**Bis wann?**	**erledigt**
Informationsmaterial sammeln			
Finanzierungsbedarf festlegen			
Crowdfunding-Plattform suchen und Unterlagen zusammenstellen			
Marketing/Projektidee entwickeln und aufbereiten			
Bilder und Texte erstellen			
Pressemitteilung erstellen			
Kommunikationskanäle festlegen und zeitlich planen			
Marketingaktionen planen			
Überwachung des Projektfortschritts			
Öffentlichkeitsarbeit außerhalb des Vereins			
Vereinsmitglieder motivieren			

Crowdfunding-Aktion			
Verantwortlich im Verein:	**Wer macht es?**	**Bis wann?**	**erledigt**
Gegenleistung organisieren			
Umsetzung kommunizieren			
Ggf. Pressetermin/(Einweihungs-)Feier			

Arbeitshilfe 9: Arbeitsschritte für eine Crowdfunding-Aktion

Normalerweise funktioniert Crowdfunding ohne aufwendige Bürokratie. Es ist flexibel und kostengünstig. Der Arbeitseinsatz sollte jedoch nicht unterschätzt werden. Schließlich ist die Maßnahme öffentlichkeitswirksam und ein deutlicher Misserfolg kann auch negativ für den Verein wirken.

Auf den Punkt

Crowdfunding-Aktionen erzeugen öffentliche Aufmerksamkeit, der Verein sollte alles daran setzen, erfolgreich zu sein, um eine negative Außendarstellung zu vermeiden.

Im Verein müssen die notwendigen Projektinformationen zusammengestellt werden, die Durchführung und die Kommunikation müssen i.d.R. ehrenamtlich geleistet und das Dankeschön vorbereitet und umgesetzt werden.

Der Sinn einer Crowdfunding-Aktion für den eigenen Verein kann mithilfe der folgenden Tabelle entlang der Vor- und Nachteile geprüft werden.

Vorteile	Nachteile
• Crowdfunding ist eine gute Methode, um Projekte umzusetzen, die sich sonst nicht verwirklichen lassen. • Das Risiko der Finanzierung verteilt sich auf mehrere/viele Personen. • Durch das Crowdfunding wird ein gewisser Marketingeffekt erreicht, der Aufmerksamkeit auf den Verein zieht. • Ein breites Publikum wird angesprochen und so erhöht sich die Bekanntheit insgesamt. • Ggf. Unterstützung für die Crowdfunding-Kampagne (Information, Beratung durch die Crowdfunding-Plattform; ggf. Präsente durch Wirtschaftspartner der Plattform)	• Es gibt keine Garantie für den Erfolg. • Für das Crowdfunding muss Geld ausgegeben werden (die Plattformgebühren können bei einem erfolgreichen Crowdfunding sehr hoch sein. In der Regel liegen sie zwischen vier und zwölf Prozent der finalen Summe). • Crowdfunding kann mit einem erheblichen Zeitaufwand verbunden sein (Marketingbemühungen, Aktualisierungen). • Im Nachhinein ist es schwierig, die Idee auf andere Weise umzusetzen, da das Scheitern auf weitere Maßnahmen abstrahlt.
• Ein Crowdfunding findet öffentlich statt und ist somit für jeden einsehbar.	

Tab. 22: Vor- und Nachteile einer Crowdfunding-Aktion

Ein wesentlicher Vorteil von Crowdfunding liegt in der schnellen und unkomplizierten Finanzierung von Projekten. Für größere Finanzierungsprobleme bietet es allerdings keine schnelle Lösung. Aber es ist zunehmend wichtig, da es gemeinnützigen Organisationen hilft, Verbindungen zu knüpfen, um Unterstützung zu finden.

4.3.4 Fördervereine

Für viele ökologische, soziale, kulturelle oder andere Anliegen spielen Fördervereine eine wichtige Rolle. Wie viele Fördervereine es genau gibt, ist nicht bekannt, da sie in der Statistik nicht separat erfasst werden. Fördervereine sind im Grunde eigenständige eingetragene, gemeinnützige Vereine, welche die Unterstützung einer anderen gemeinnützigen Organisation zum Ziel haben. Themen sind nach einer Recherche auf der Basis der Vereinsnamen v. a. Bildung, Sport/Freizeit und Hilfsorganisationen. (Vgl. Schubert u. a. 2022)

Neben Fördervereinen finden sich auch »Förderkreise«. Diese haben ebenfalls die Unterstützung einer bestimmten Organisation bzw. eines bestimmten Zwecks zum Ziel, sind jedoch in der Regel nicht eingetragen und gemeinnützig. Sie unterstützen Vereine eher als loses Netzwerk. Einige Informationen aus diesem Kapitel sind jedoch auch für Förderkreise nützlich.

In Fachquellen wird ein Förderverein schnell auf die steuerrechtlichen Themen v. a. im Zusammenhang mit der Gemeinnützigkeit reduziert. Um mit einem Förderverein eine gute Wirkung zu erzielen, kommt es vor allem auf die inhaltliche Arbeit an, die selbstverständlich den Vorgaben des Gemeinnützigkeitsrechts entsprechen muss.

Auf den Punkt

Grundlegend für den Erfolg eines Fördervereins sind Netzwerken und Marketing bzw. Werbung!

Für die folgende Darstellung unterscheiden wir den »Förderverein« und den »Hauptverein« als geförderte Organisation. Wobei die geförderte Organisation nicht nur ein Verein insgesamt sein muss, es kann z. B. eine Abteilung oder »die Jugend« sein.

4.3.4.1 Das Grundkonzept von Fördervereinen

Die Praxis von Fördervereinen zeigt, dass es hilfreich ist, eine Gründungs- und eine Arbeitsphase zu unterscheiden (siehe Abbildung 18). Die Gründungsphase ist zwar in der Regel vergleichsweise kurz, hier sind aber zentrale Weichenstellungen für den künftigen Erfolg vorzunehmen. Es folgt dann die eigentliche Arbeitsphase, um die Ressourcen für die Unterstützung gemäß dem Ziel des Fördervereins auszubauen und dauerhaft zu beschaffen.

Auf den Punkt

Die Gründungsphase kann recht kurz sein, hier werden aber wichtige Voraussetzungen für die künftige Arbeit geschaffen.

Die Vorteile eines Fördervereins sind:

- Konzentration auf die Beschaffung von Ressourcen, meist Geld, für den geförderten Hauptverein
- Bündelung der für die Ressourcenbeschaffung notwendigen Kompetenzen
- Entlastung des geförderten Vereins bei der Ressourcengewinnung
- Netzwerkbildung im Hinblick auf die eigentliche Vereinsarbeit
- Heranführung von Engagierten, ggf. auch mit Interesse an der Arbeit im geförderten Verein
- Nutzung der steuerlichen Vorteile aus der Gemeinnützigkeit zusätzlich zu den entsprechenden Möglichkeiten des Hauptvereins unter Einhaltung der relevanten Vorschriften

Erfahrungen zeigen, dass zwischen der Gründungs- und der Arbeitsphase ein wichtiger Moment für den Erfolg des Fördervereins liegt. Die Gründungsphase ist in der Regel von einer besonderen Euphorie getragen. Die Aussicht, für das spezielle Anliegen der zu fördernden Organisation eine wichtige Unterstützung zu schaffen, prägt diesen Start. In der Folgezeit jedoch geht es mehr darum, die Geschäfte des Fördervereins voranzubringen, Kontakte aufzubauen und zu pflegen sowie Ressourcen einzuwerben. Hier erkennen manche Gründer, dass dies nicht dem eigenen Engagementinteresse und Selbstverständnis entspricht. Die Konsequenz kann sein, dass der Förderverein in einen Dornröschenschlaf fällt. Eine intensive Auseinandersetzung mit den Arbeitsbedingungen eines Fördervereins vor der Gründung kann dies verhindern.

4.3.4.2 Gründungs- und Arbeitsphase von Fördervereinen

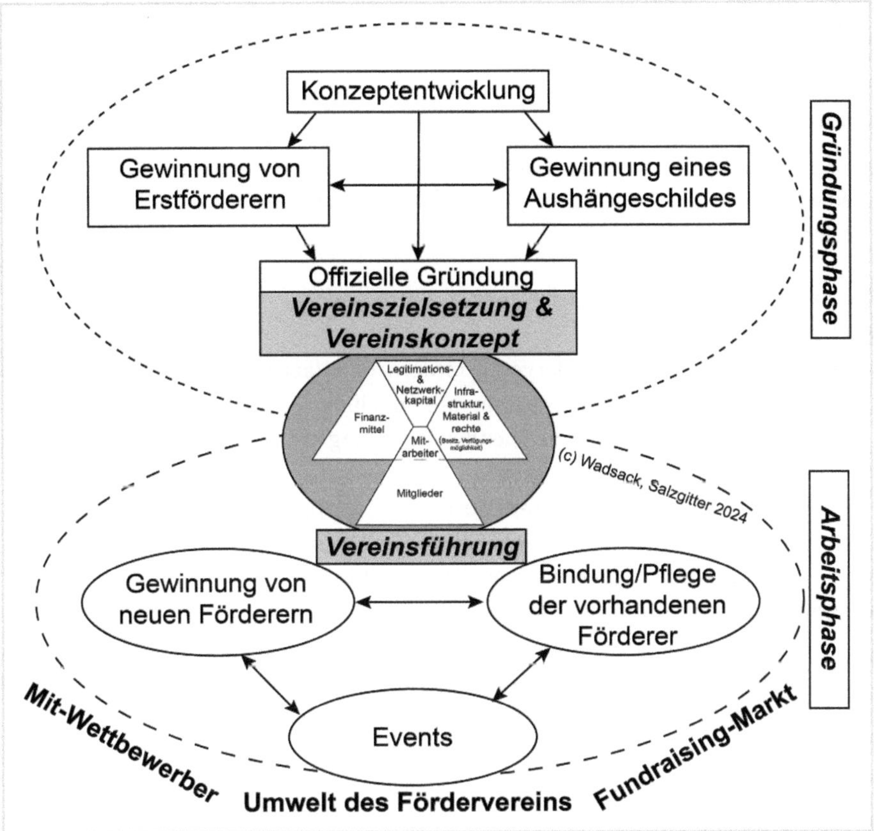

Abb. 18: Gründungs- und Arbeitsphase eines Fördervereins (Abbildung Wadsack)

Grundsätzlich ist ein Förderverein ein Verein und unterliegt somit den gleichen Gründungsprinzipien und Vorgaben eines »normalen« Vereins. Es ist darauf zu achten, dass der Vorstand des Fördervereins sich in der Besetzung vom Vorstand des Hauptvereins unterscheidet. Ein Förderverein ist nicht für eine schnelle Geldbeschaffung geeignet, die Gründung muss gut durchdacht und vorbereitet werden. Wichtig ist auch, die Verbindung zum geförderten Verein frühzeitig zu besprechen und zu klären. Es darf nicht passieren, dass Vertreter:innen des Fördervereins dem Hauptverein Vorschriften machen wollen.

Auf den Punkt

Wichtig ist, das Zusammenspiel zwischen Förderverein und Hauptverein genau zu besprechen, um Einmischungen und Missverständnisse in der Folgezeit zu vermeiden.

Zunächst sind Gründer des Vereins zu finden, Menschen also, die sich dem Hauptverein und seinen Zielen besonders verpflichtet fühlen und gern ihre Unterstützung verstärken möchten. Bevor es an die formelle Vereinsgründung geht, muss gut überlegt werden, was der Förderverein genau tun soll.

Auf den Punkt

Eine Beispielsatzung aus dem Internet kann helfen. Es ist auf jeden Fall wichtig, die Besonderheiten und Ansprüche des eigenen Fördervereins herauszuarbeiten und in der Satzung zu verankern.

Aus der Abbildung 18 erkennbare Arbeitsschritte sind:

- Konzeptentwicklung
  - Was genau soll der Förderverein fördern, den Hauptverein insgesamt, nur den Jugendbereich oder eine bestimmte Abteilung?
  - Soll der Verein sich auf die Spendensammlung konzentrieren oder auch eigene Veranstaltungen durchführen?
  - Wie soll das Beitragskonzept aussehen? Niedriger oder hoher Beitrag, möglichst viele Mitglieder oder eher elitäre Beitragsgruppe?
  - Welche Formen der Ressourcen- bzw. Geldbeschaffung sollen genutzt werden?
- Gewinnung von Erstförderern
  - Meist sind die Gründer:innen des Fördervereins auch die Erstförderer, eventuell müssen weitere Menschen gewonnen werden, um die Mindestanzahl von sieben Personen für die Vereinsgründung zu erreichen.
  - Auch in der Gründungsphase kann schon Werbung für den entstehenden Förderverein gemacht werden, um möglichst schnell nach der Gründung einen Mitgliederzuwachs zu erzielen.
- Gewinnung eines Aushängeschildes
  - Es kann sinnvoll sein, eine bekannte Persönlichkeit als Werbeträger für den Förderverein zu gewinnen, wenn diese glaubwürdig das Ziel des Fördervereins vertreten kann.
  - Es sollte eine Person sein, die nicht an zu vielen Stellen im Einsatz ist.
  - Außerdem wäre es wichtig, dass dieses Aushängeschild für einzelne Veranstaltungen des Fördervereins und als Türöffner für die Netzwerkarbeit zur Verfügung steht.
- offizielle Vereinsgründung
  - Das Vorgehen folgt den allgemeinen Regeln der Vereinsgründung.
  - Zu erledigen ist: Erarbeitung der Satzung, Gründungsversammlung, Eintragung in das Vereinsregister, Beantragung der Gemeinnützigkeit.
- Gewinnung neuer Förderer
  - Das Marketing für den Förderverein zur Erweiterung des Mitgliederkreises muss angestoßen und durchgeführt werden.
  - Öffentlichkeitsarbeit zur Steigerung der Bekanntheit sollte geleistet werden.

- Bindung/Pflege der vorhandenen Förderer
  - Es sollte ein kontinuierlicher Informationsfluss gesichert werden, um die Verbundenheit mit dem Förderverein aufrechtzuerhalten.
  - Es ist hilfreich, immer wieder die erreichten Förderziele zu kommunizieren und aufzuzeigen.
- Events
  - Es können auch eigene eigene Veranstaltungen durchgeführt werden, z. B. ein Stand auf dem Stadtteilfest mit Verkaufsaktivitäten, ein Spendenfrühstück, ein Vereinsball.
  - Auch Veranstaltungen zur Bekanntmachung des Fördervereins sind möglich, aber auch zur Sammlung von Spenden.

Wenn der Förderverein nicht den gewünschten Erfolg hat, kann mittels der folgenden Arbeitshilfe 10 eine erste Eingrenzung der möglichen Problembereiche erfolgen.

DIGITALE EXTRAS

Prüfen Sie die folgenden Aussagen für den eigenen Förderverein	**Diese Aussage trifft**		
	voll und ganz zu	**teilweise zu**	**überhaupt nicht zu**
Eigentlich ist unser Förderverein nie so richtig ins Laufen gekommen.			
Der Förderverein leidet unter einer unklaren Aufgabenstellung.			
Es sind zu wenige Mitstreiter:innen da, die sich um die eigentliche Aufgabe des Fördervereins kümmern.			
Wir stehen mit unserem Förderverein mit Fundraisingmaßnahmen der geförderten Organisation (Hauptverein) in Konkurrenz.			
Wir haben eigentlich niemanden im Förderverein, der sich mit Fundraising auskennt.			
Die Kommunikation mit unserer geförderten Organisation ist schwach.			
Wir erhalten für unsere Arbeit als Förderverein keine richtige Anerkennung.			
Das verfügbare Budget für die Arbeit des Fördervereins ist sehr klein.			
Wir schaffen es seit der Gründung des Fördervereins nicht, unseren Mitgliederstamm deutlich auszuweiten.			
Wir haben bei der Gründung des Fördervereins keine grundlegende Konzeptdiskussion geführt.			

Arbeitshilfe 10: Fördervereinsprüfung

Jede Aussage mit der Wertung »trifft voll und ganz zu« oder »trifft teilweise zu« muss dringend bearbeitet werden. Wenn entsprechende Aufgaben nicht schon bei der Gründung systematisch berücksichtigt wurden, können sie auch noch nachträglich bearbeitet werden. Mit dieser Aufarbeitung ist ein grundlegender Neustart anzustoßen.

4.3.5 Grundlagen für die Antragstellung bei Stiftungen und für öffentliche Fördermittel

Weitere Quellen für die Finanzierung von Vorhaben im Verein sind Fördermittel aus Stiftungen und öffentlichen Kassen. Die Voraussetzung, um an diese Fördermittel zu kommen, ist, dass sich ein Verein begründet für eine Unterstützung bewirbt. Dabei ist die Vorgehensweise für die Vorbereitung und Antragstellung bei beiden Finanzierungsquellen sehr ähnlich. Deshalb fassen wir diese hier zusammen. Die genauere Betrachtung der beiden Fördermittelquellen erfolgt in den Kapiteln 4.3.6 und 4.3.7.

Ausgangspunkt muss die Klärung sein, wie Projektgedanke und Förderstelle zueinanderstehen.

	Auslöser	**Ansatzpunkt für Förderung**
Variante 1	Der Verein entwickelt eine Projektidee.	Suche nach passenden Fördermöglichkeiten
Variante 2	Ein Projektprogramm wird angekündigt.	Strategische Überlegung im Verein, ob die Programmziele für den Verein passen und Ressourcen für eine Projektplanung und -durchführung vorhanden sind

Tab. 23: Grundlegende Ausgangspunkte für die Projektentwicklung

Auf den Punkt

Die Aussicht auf einen Geldzufluss darf nicht dazu führen, dass der Verein sein Selbstverständnis aus den Augen verliert.

Grundsätzlich kann außerdem unterschieden werden, ob es um eine Projektförderung oder eine Sachleistungsförderung geht. Im zweiten Fall ist es meist einfacher, da für die Bewerbung nicht ein längerer Projektzeitraum dargestellt werden muss, sondern meist einige grundlegenden Kriterien erfüllt sein müssen. Das Projekt endet dann mit der Beschaffung der Sachleistung. Die Gemeinnützigkeit ist i. d. R. selbstverständliche Voraussetzung.

Bei einer Projektförderung sind deutlich umfangreichere Vorarbeiten notwendig. Im Großen und Ganzen sind die Grundlagen für die Antragserarbeitung bei Stiftungen und für eine öffentliche Projektförderung vergleichbar. Auf spezielle Unterschiede weisen wir im Text hin.

4.3.5.1 Der Prozess der Antragstellung

Es kann sinnvoll sein, zunächst einmal Kontakt zur Fördereinrichtung aufzunehmen, um die Erfolgsaussicht für das Anliegen auszuloten. Ansprechpartner:innen finden sich z. B. im Internet oder bei den Ankündigungen der Förderprogramme. Bei kleineren Stiftungen ohne Internetpräsenz muss man sich durchfragen.

Außerdem sind erste Informationen zum Antragsverfahren einzuholen, entweder über das Internet oder im Rahmen der Anfrage. Es kann auch ein mehrstufiges Auswahlverfahren geben, in dem für die Vorbegutachtung zunächst eine Kurzbeschreibung des Projekts vorzulegen ist, bei Erfolgsaussicht wird dann ein ausführlicher Antrag eingefordert.

Sollte die Antragstellung auf der Basis der ersten Anfrage sinnvoll erscheinen, können weitere Rahmenbedingungen geklärt werden:

- durchschnittliche Fördersumme für derartige Projekte
- Stichtage für die Antragseinreichung
- Ablauf des Antragsprozesses (Dauer der Begutachtung, Möglichkeit der Antragsverbesserung auf der Basis von Rückfragen)
- möglicher Start einer Maßnahme nach Antragseinreichung

Bei einer Ablehnung ist es empfehlenswert zu erfragen, ob es sich um eine grundsätzliche Ablehnung handelt, weil das Projekt nicht zur Fördereinrichtung passt, oder ob nur der Anfragezeitpunkt ungünstig war.

Auf den Punkt

Ein einmal aufgebauter persönlicher Kontakt kann auch in der Folgezeit wertvoll sein, wenn sich der Ansprechpartner für ein bestimmtes Thema aus der Förderorganisation an den Verein erinnert.

Für den eigentlichen Antrag muss klar herausgearbeitet werden, wie das Konzept für die zu fördernde Maßnahme aussieht:

- Was soll im Rahmen der Förderung genau getan werden?
- Welches Ziel hat die geförderte Maßnahme?
- Warum ist dieses Ziel wichtig?
  - Im Sinne des Vereinsumfelds?
  - Im Sinne des Stiftungszwecks?
  - Für die relevanten Zielgruppen der geförderten Maßnahme?

- Welche Gründe gibt es dafür, dass der Verein ein sehr guter Partner für eine erfolgreiche Projektdurchführung ist?
  - Erfahrungen im Aktivitätsbereich
  - qualifizierte Mitarbeiter:innen
- Welche Projektschritte sind vorgesehen, um das Ziel zu erreichen?
  - Darstellung der Arbeitsschritte
  - ggf. notwendige besondere Schritte
  - Darstellung eines Zeitplans für die Projektschritte
  - Methoden der Ergebnissicherung
- Müssen gemäß der Förderorganisation besondere Aspekte angesprochen werden?
  - »Nachhaltigkeit« ist an vielen Stellen mittlerweile ein Thema, ggf. ist dies im Antrag bezogen auf die Vereinsmaßnahme genauer darzulegen.
- Finanzierungskonzept der Maßnahme
  - Aufschlüsselung der beantragten Finanzmittel für verschiedene Projektbereiche (Mitarbeitende, Reisekosten, Materialien ...)
  - Wie wird der Restbetrag der Maßnahme finanziert?
    - Eine 100%-Finanzierung wäre die absolute Ausnahme.
    - Sicherheit der anderen Finanzierungsquellen darlegen.

Auf den Punkt

Ohne solide Finanzplanung keine Förderung.

Bei der Finanzplanung darf nicht übersehen werden, was die vertraglich vereinbarte Gegenleistung des Vereins im Rahmen der Projektarbeit an Ressourcen bindet, wie z.B. Arbeitskraft, Räume, Geräte. Zu klären ist z.B., wer sich um den Projektbericht mit Bebilderung der Vereinsveranstaltung oder den Aushang von Fahnen und Transparenten kümmert. Eventuell müssen bezahlte Fachleute eingesetzt oder Werbematerialien erstellt werden.

Bei der Kalkulation der Fördermittelanteile ist auch zu beachten, welche Komponenten des Projekts gefördert werden.

Ein Beispiel aus der Vereinspraxis

Der Bau eines Vereinsheims wird mit einer 40%igen Anteilsfinanzierung gefördert, die Gestaltung der Außenanlagen jedoch nicht. Die Berechnung »Gesamtsumme des Projekts, davon 40% Förderung« kann falsch sein. Richtig ist: »förderfähiger Anteil der Gesamtsumme des Projekts, davon 40% Förderung«.

So wird der Förderanteil angegeben, der unter optimalen Bedingungen erlangt werden kann. Der verbleibende Rest muss dann als Eigenanteil geleistet oder über andere Finanzquellen beschafft werden.

Nur selten lässt sich der Zuwendungsgeber auf eine Nachverhandlung ein. Hier müssen andere Formen zum Ausgleich gefunden werden. Daher ist es umso wichtiger, auf eine sorgfältige und ernsthafte Planung der Kosten von Anfang an zu achten.

Letztlich ist aber entscheidend, welche Vorgaben die Förderorganisation für die Antragstellung macht. Dabei können inhaltliche und formale Aspekte festgelegt sein. Einige Förderorganisationen haben vorgegebene Antragsformulare oder erwarten eine persönliche Projektvorstellung. Die Vorgaben können sich je nach Förderorganisation sehr unterscheiden – sowohl für den Prozess als auch für den Inhalt eines Antrags. Gibt es kein Antragsformular oder andere Vorgaben, sollten drei Seiten Text für kleinere Projekte ausreichend sein. Schließlich sollen alle eingereichten Papiere auch gelesen werden.

Auf den Punkt

Beachten Sie auf jeden Fall die Anforderungen der Förderorganisation, z. B. den Aufbau und Umfang des Antrags.

Tipp

Leitfäden zur Antragstellung bei Stiftungen finden Sie hier:

- Bundesverband Deutscher Stiftungen (Hrsg.): Kleiner Leitfaden für Förderanfragen an Stiftungen; www.stiftungen.org/fileadmin/stiftungen_org/Verband/Was_wir_tun/Veranstaltungen/AK-Foerderstiftungen/Leitfaden-fuer-Foerderanfragen-an-Stiftungen.pdf
- Phineo/Skala Campus: So schreibt ihr gelungene Förderanträge! www.skala-campus.org/artikel/tipps-foerderantrag-stiftungen/

Viele Hinweise können auch für andere Förderorganisationen hilfreich sein.

4.3.5.2 Das Projekt vom Ende her denken

Wenn Fördermittel bei Stiftungen oder öffentlichen Kassen beantragt werden sollen, müssen natürlich bestimmte Schritte eingehalten werden (siehe Abbildung 19). Aber schon in der Phase der Antragstellung sollte auch das Ende der Förderung und die Frage, wie es danach weitergeht, im Blick behalten werden. Bezieht sich eine Förderung auf eine Anschaffung oder eine Baumaßnahme, so ist vor allem darauf zu achten, dass das Ergebnis auch sinnvoll genutzt wird.

Auf den Punkt

Es ist wichtig, schon bei der Antragstellung einen Blick auf die Zeit nach Ende der Förderung zu werfen!

In Abbildung 19 sind die wichtigsten Stationen und Aufgaben in Verbindung mit der Inanspruchnahme von Fördermitteln aufgeführt.

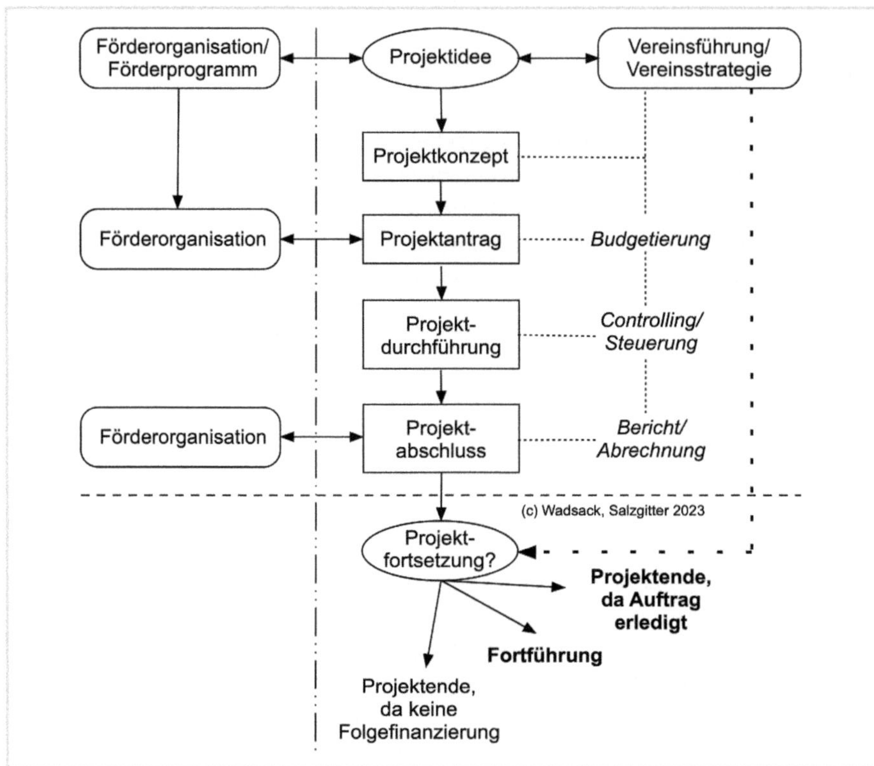

Abb. 19: Planungskonzept für Projektanträge

Bei einer Förderung, die den Charakter einer Anschubfinanzierung hat, etwa, wenn es um den Start einer Maßnahme im Bildungs- oder Betreuungsbereich geht, müssen andere Fragen beantwortet werden als bei der Anschaffung oder bei einer Baumaßnahme. Hier liegt es in der Verantwortung der Vereinsführung, schon einmal darüber nachzudenken, wie es nach dem Ende des Förderzeitraums weitergehen soll. Es kann sein, dass sich eine Maßnahme nicht als sinnvoll erweist – dann sollte sie auch nicht weitergeführt werden. Ist die Maßnahme aber erfolgreich und würde sie mit dem Auslaufen der Förderung beendet, wäre dies bedauerlich und könnte sogar dem Image des Vereins schaden (Stichwort: »Investitionsruine«). Hier läge die Herausforderung für die Vereinsführung darin, die finanziellen Grundlagen zu sichern, um die Maßnahme fortzuführen.

4.3.6 Stiftungen

Am 31.12.2023 wurden vom Bundesverband Deutscher Stiftungen gut 25.777 rechtsfähige Stiftungen bürgerlichen Rechts gezählt. Sie unterscheiden sich nach Größe, Themengebieten und regionalen Bezügen. Mittlerweile sind sie für viele Vereine eine wichtige Anlaufstelle, um Unterstützung für die Vereinsarbeit zu erhalten.

4.3.6.1 Stiftungen als Unterstützer in der Gesellschaft

Stiftungen sind Einrichtungen oder Organisationen, deren Vermögen der Förderung bestimmter Zwecke dient, mit denen also spezielle gesellschaftliche Anliegen gezielt vorangebracht werden sollen. Der Stiftungszweck ergibt sich aus dem mit der Gründung der Stiftung formulierten Stifterwillen und ist in der Stiftungssatzung anzugeben. Er ist i.d.R. nicht veränderbar.

Zur Verwirklichung des Stiftungszwecks wird ein Stiftungskapital eingebracht. Dafür gibt das Bürgerliche Gesetzbuch keine konkrete Summe vor. Es muss aber so viel Vermögen vorhanden sein, um »die dauernde und nachhaltige Erfüllung des Stiftungszwecks« zu sichern (§ 80 BGB). Denn eine Stiftung ist »für die Ewigkeit« gedacht. Die meisten Stiftungsbehörden fordern ein Mindestkapital von 25.000 Euro, in manchen Bundesländern fällt der Betrag höher aus. Tatsächlich hat sich ein Betrag von mindestens 100.000 Euro als Maßstab durchgesetzt. (https://gruenderplattform.de/geschaeftsideen/stiftung-gruenden; 30.03.2024)

Das Vermögen muss nicht in Geld vorliegen, sondern kann z.B. auch aus Immobilien oder Unternehmensanteilen bestehen. Die mit dem Stiftungskapital erwirtschafteten Erträge werden wiederum für die Realisierung des Stiftungszwecks ausgeschüttet. Je nach Art des Kapitals und den möglichen Erträgen kann das für die Stiftungsarbeit verfügbare Geldvolumen schwanken. Stiftungen unterliegen einer strikten Kontrolle im Hinblick auf die Mittelverwendung.

Die Themenfelder der Stiftungsarbeit können sehr unterschiedlich sein (Abbildung 20). Bei der Prüfung einer Unterstützungsmöglichkeit ist letztendlich immer ein Blick in die genaue Zielsetzung und Programmgestaltung der Stiftung notwendig. Zum Teil werden die Förderungen z.B. im Jahresrhythmus auf bestimmte Schwerpunktthemen eingegrenzt.

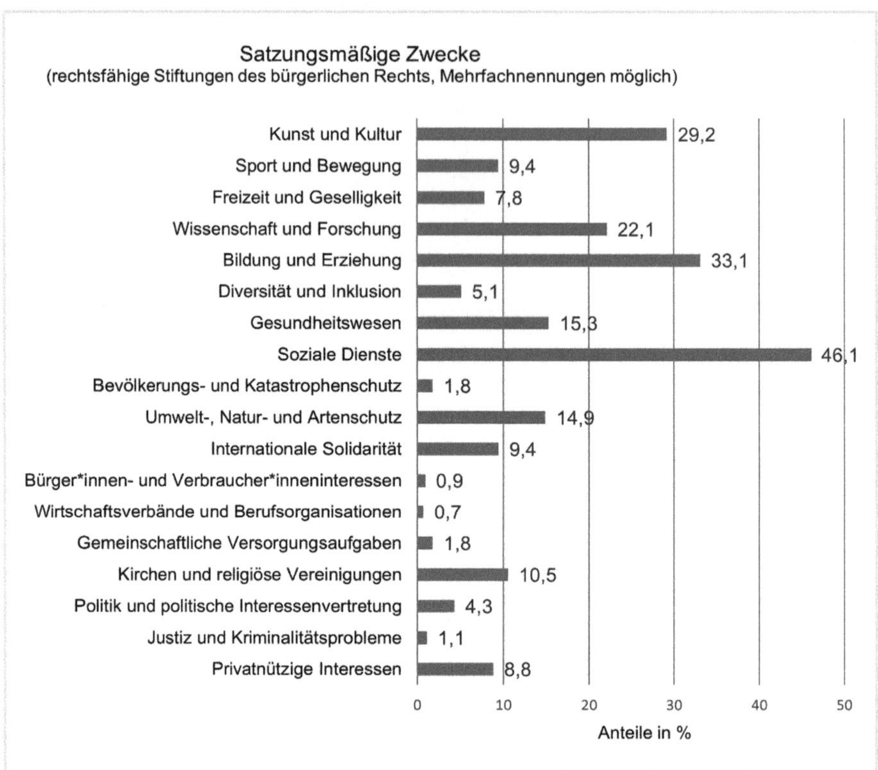

Abb. 20: Betätigungsfelder von Stiftungen (Quelle: Bundesverband Deutscher Stiftungen; Stand 01.05.2023)

Es gibt verschiedene Arten von Stiftungen. Die grundlegenden Formen sind:

	Zweck	**Beispiel**
Förderstiftung (operative Stiftung)	Durch Ausschüttung der Stiftungsgelder werden Maßnahmen gefördert, die dem Stiftungszweck entsprechen. Dabei kann es sich z. B. um Projekte, Reisen oder Veranstaltungen handeln. Eine wichtige Unterscheidung liegt darin, ob bei der Stiftung Anträge gestellt werden können oder nicht. Wenn keine Anträge möglich sind, sucht sich die Stiftung selbstständig Partner für ihre Stiftungsarbeit.	regionale Förderung von Projekten durch die verschiedenen Sparkassen-Stiftungen in den Bereichen Kultur, Soziales, Sport, Wissenschaft und Umwelt www.sparkassenstiftungen.de

	Zweck	Beispiel
Bürgerstiftung	Die Bürgerstiftung hat sich in den letzten Jahren v. a. auf kommunaler Ebene etabliert und dient der Unterstützung der lokalen Gemeinwohlentwicklung. Entsprechend vielfältig sind die lokalen bzw. regionalen Unterstützungsmöglichkeiten. Die Besonderheit liegt in der Vielzahl der Stifter. Im Grunde kann sich jeder Bürger und Interessierte an der Erbringung des Kapitals beteiligen.	Für das Jahr 2023 werden auf der entsprechenden Website 426 existierende Bürgerstiftungen genannt. Aufgrund des lokalen Bezugs ist es sinnvoll, sich in der eigenen Kommune umzusehen. www.buergerstiftungen.org
Anstaltsstiftung	Die Stiftung verwirklicht den Stiftungszweck erstrangig durch eigenes Handeln, z. B. Betrieb von Kinder- und Jugendheimen, Krankenhäusern, Universitäten oder gesellschaftliches Engagement.	Förderung des Gemeinwohls durch die Bertelsmann-Stiftung im Sinne des Gründers Reinhard Mohn. www.bertelsmann-stiftung.de

Tab. 24: Stiftungsformen

Daneben gibt es z. B. auch die nicht rechtsfähige Treuhandstiftung. Hier wir ein Treuhänder ermächtigt, im Sinne eines Vertrags mit dem Stifter die verfügbaren Mittel einzusetzen.

Trotz der großen Zahl der Stiftungen darf ihre Wirkungsmöglichkeit nicht überschätzt werden, da die zu verteilenden Mittel von der Höhe des Stiftungskapitals abhängen. Beträgt dies »nur« 100.000 Euro, kann eine Ausschüttung von vielleicht 4.000 Euro (bei 4% Verzinsung) jährlich erfolgen, wenn nicht über Spenden weitere Mittel eingeworben werden. In Niedrigzinsphasen ist die Erwirtschaftung von Erlösen für manche Stiftungen ein schwieriges Unterfangen. Gleichzeitig wenden sich immer mehr Organisationen an Stiftungen, um eine zurückgehende öffentliche Förderung zu kompensieren.

Auf der anderen Seite ist für manchen Verein schon ein kleiner dreistelliger Geldbetrag sehr hilfreich. Es muss ja nicht immer um die großen Summen gehen.

4.3.6.2 Stiftungen finden und Antrag stellen

Die Antragstellung bei einer Stiftung ist eine anspruchsvolle Aufgabe, unter Umständen muss der Antrag sogar der Konkurrenz mit anderen Anträgen standhalten. Entsprechend lohnt es sich, Arbeit hineinzustecken, damit der Antrag auch möglichst erfolgreich ist. Erste Hinweise finden sich in Kapitel 4.3.5.

Auf den Punkt

Je maßgeschneiderter die Anfrage, desto höher sind die Erfolgschancen.

Abbildung 21 zeigt die Schritte, die für die Vorbereitung und Durchführung eines Stiftungsantrags wichtig sind.

Abb. 21: Vorgehensweise zur Antragstellung bei einer Stiftung (Grafik: Wach)

Schritt 1: Zuständigkeit festlegen

Für den Verein erfordert die Suche und Ansprache von Stiftungen eine gewisse Vorbereitung. Außerdem haben Stiftungen mitunter recht hohe Erwartungen, was Antragstellung und Nachweise angeht. Es muss deshalb sichergestellt sein, dass die nötige Zeit investiert werden kann – und das ohne Erfolgsgarantie. Es darf nicht der Eindruck entstehen, dass man sich »nur aus Bequemlichkeit« an die Stiftung wendet und sich nicht mit alternativen Finanzierungsmöglichkeiten vertraut gemacht hat.

Ein Beispiel aus der Stiftungspraxis

Ein Stiftungsmanager berichtet, er habe eine E-Mail von einem Vereinsvertreter bekommen: »Wir benötigen 300 Euro für ein neues Gerät in unserem Verein *(in der E-Mail stand eine genauere Bezeichnung)*. Bitte überweisen Sie den Betrag auf das Konto xxx. Vielen Dank.« Das Beispiel ist sicherlich extrem, aber im Alltag eines Stiftungsmanagers kann so etwas vorkommen. Dieses Vorgehen wird für den Verein eher nicht von Erfolg gekrönt sein.

Es ist daher sinnvoll, eine:n zuständige:n Ansprechpartner:in im Verein zu suchen, der oder die die Organisation übernimmt. Natürlich kann ein Team bzw. eine Projektgruppe bei der Aufgabe unterstützend tätig sein.

Schritt 2: Projektkonzept herausarbeiten

Der Verein sollte sich im Klaren über sein Profil, seine langfristige Strategie und über die Kompetenz für das geplante Projekt sein. Nur ein genaues Bild des Vereins und des Projekts kann klar an Außenstehende vermittelt werden. Förderanträge, die die Inhalte nicht nachvollziehbar und verständlich kommunizieren, laufen Gefahr zu scheitern.

Bei der Herausarbeitung des Projektkonzepts ist auch ein Blick auf angrenzende Förderfelder zu werfen, um das Suchfeld für Fördermaßnahmen zu erweitern. Ein Beispiel: »Musik für junge Menschen« als Leitmotiv kann auch Elemente von Bildung, Integration, Inklusion und Arbeit gegen soziale Benachteiligung enthalten. Allerdings gilt es immer darauf zu achten, dass die Projektbeschreibung authentisch ist und die versprochenen Verknüpfungen sich auch tatsächlich finden.

Auf den Punkt

Es gilt, auf glaubwürdige und ehrliche Antragsinhalte zu achten.

Schritt 3: Stiftungen suchen

Stiftungen dürfen, wie bereits angesprochen, ihre Mittel nur im Rahmen der Zwecke vergeben, die in der Stiftungssatzung niedergelegt sind. Diese Zwecke sind auf den ersten Blick häufig sehr allgemein formuliert (»... die Förderung von Bildung und Erziehung«, »von Umwelt« oder »von Kunst und Kultur«). Konkret werden sie durch Eingrenzungen wie »der Stiftungszweck wird in besonderem Maße durch ... erfüllt«. Es können auch z. B. Eingrenzungen auf bestimmte Regionen oder Kommunen vorgenommen werden. Bei Sparkassenstiftungen ist zum Beispiel die Eingrenzung auf den Wirkungsbereich der einzelnen Sparkasse der Normalfall. Hinzu kommt v. a. bei größeren Stiftungen die Formulierung von Förderschwerpunkten, die wiederum zeitlich begrenzt gültig sein und sich entsprechend im Zeitverlauf ändern können. Ein Verein kann also nur gefördert werden, wenn das zu fördernde Anliegen den relevanten Stiftungsregelungen entspricht – sowohl thematisch als auch regional.

Die Suche sollte also strategisch angegangen werden. Dies gilt nicht nur für Stiftungen, sondern auch für andere Fördermöglichkeiten. Ausgangspunkt für die Suche nach Förderstellen ist die Klärung der Hauptthemenbereiche des Vereinsprojekts. Zum Beispiel:

- thematisch – Soziales, Bildung, Kultur, Musik, Sport, Kunst ...
- zielgruppenspezifisch – Jugend, Senior:innen, Arbeitslose, Migrant:innen ...
- strukturell – Infrastrukturentwicklung, Strukturanpassung ...

Entlang dieser und weiterer Stichworte lässt sich eine Arbeitsliste erstellen, bei welchen Zuständigkeitsbereichen man anklopfen kann bzw. welche Anknüpfungspunkte man bei den Gesprächen mit Förderinstitutionen in die Waagschale werfen sollte.

Auf den Punkt

Der eigene Verband kennt die themenbezogenen Fördermittel und kann kompetent Auskunft geben.

Es gilt hier wie auch bei den anderen möglichen Förderstellen: Nicht nur Stichworte abfragen, sondern miteinander reden! Die Anfrage »Wir wollen eine Jugendbegegnung organisieren – gibt es dazu Fördergelder?« wird eventuell genauso schnell abgelehnt, wie sie gestellt ist. Sinnvoller ist es, mit dem zuständigen Ansprechpartner etwas ausführlicher zu sprechen und das Projekt des Vereins in seinen wesentlichen Zügen zu schildern.

Beispiel

Wenn Fördergelder für eine Jugendbegegnung eingeworben werden sollen, gilt es, folgende Fragen zu beantworten und die Antworten zu kommunizieren:

- Welchen Teilnehmerkreis hat die Jugendbegegnung?
- Welche speziellen Merkmale soll die Begegnung haben (international, integrativ, inklusiv ...)?
- Wie lautet das Thema?
- Welche Programmpunkte sind geplant?
- Wie lange dauert die Veranstaltung?
- Welche Partner sind eingebunden?

Ein solches längeres Gespräch bietet dem Gesprächspartner die Möglichkeit, vielleicht auf Teilförderungen oder mögliche weitere Anlaufstellen zu verweisen. Die Übersendung einer Projektskizze von ca. einer Seite Länge ist in einer Zeit von Computer und E-Mail auch nicht der schlechteste Weg.

Es gibt kein Verzeichnis, das alle Stiftungen in Deutschland umfasst. Deshalb gilt es, ein wenig intensiver zu suchen. Manche kleinere Stiftung in der eigenen Stadt wird weitgehend unbekannt sein, manche haben auch keine Internetseite. Interessant sind vor allem Förderstiftungen mit Antragsmöglichkeit.

Erste Anlaufstellen können Stiftungsverzeichnisse im Internet sein:

- https://stiftungssuche.de/ – gut 12.000 Stiftungen inkl. Basisinformationen finden sich in dieser kostenfreien Datenbank.
- https://www.sparkassenstiftungen.de/home/ beinhaltet ein Verzeichnis der Sparkassenstiftungen.

- https://foerderdatenbank.d-s-e-e.de/datenbank/programme Verzeichnis von ca. 1.300 Stiftungen – hier sind Förderprogramme in Deutschland zu finden.
- Mit einer Internetsuche lassen sich für einige Bundesländer eigene Stiftungsverzeichnisse finden. Zum Beispiel: https://www.stiftungsportal-nord.de/stiftungsregister/; https://www.freiwilligenserver.de/ansprechpersonen-einrichtungen/suche-ueber-foerdermittel-und-stiftungen.

Eine Beobachtung der lokalen bzw. regionalen Berichterstattung ist lohnend, da dort über einzelne Fördermaßnahmen oder Projekte und ihre Finanzierung berichtet wird.

Eine andere Variante findet sich unter https://www.stifter-helfen.de/ (Haus des Stiftens für Unternehmen und Non-Profit gGmbH). Hier werden unterschiedliche Hilfen zum Thema »Digitalisierung in gemeinnützigen Organisationen« angeboten. Dazu zählen auch vergünstigte Softwarepakete oder günstige Computer und IT-Komponenten.

Tipp

https://www.stifter-helfen.de/ stellt günstige Hilfen bei der Digitalisierung von gemeinnützigen Vereinen zur Verfügung. Die Registrierung und der Nachweis der Förderungsberechtigung mit geeigneten Dokumenten sind erforderlich.

Bei der Auswahl sollte darauf geachtet werden, inwieweit die angebotenen Produkte den Leistungsanforderungen und der gewünschten Aktualität des Vereins entsprechen.

Bevor ein Antrag für eine Anschubfinanzierung oder die Finanzierung eines bestimmten Projekts gestellt wird, ist eine kritische Prüfung des Vorhabens auch im Hinblick auf den anvisierten Partner sinnvoll (Arbeitshilfe 11).

DIGITALE EXTRAS

	Ja	Teilweise	Nein
Passt der Zuwendungszweck zum Ziel unseres Vereins?			
Passt die identifizierte Förderorganisation zum Selbstverständnis des Vereins?			
Haben wir eine sehr gute Projektidee, um den Zuwendungszweck wirkungsvoll umzusetzen?			
Gibt es im Verein genug Ressourcen für die fundierte Vorbereitung eines Förderantrages (v. a. zeitliche Ressourcen)?			
Ist das Projekt vom Arbeitsumfang her für unseren Verein leistbar?			
Müssen wir bei den Ressourcen unseres Vereins (Mitarbeit, Räume, Geräte) aufstocken, um das Projekt erfolgreich durchzuführen?			

	Ja	Teilweise	Nein
Ist es sinnvoll, einen Kooperationspartner für die Projektdurchführung einzubinden?			
Gehen wir davon aus, dass der Großteil der Mitglieder das Projekt unterstützt?			
Trägt das Projekt dazu bei, die gesellschaftliche Bedeutung des Vereins in seinem lokalen/regionalen Umfeld zu verbessern?			
Sehen wir eine Chance, das Projekt nach Auslaufen der Anschubfinanzierung weiterzuführen?			

Arbeitshilfe 11: Prüfung der geplanten Projektzusammenarbeit mit einer Förderorganisation

Die einzelnen Fragen müssen für sich betrachtet werden und es muss geprüft werden, inwieweit sie für oder gegen den Antrag für eine Förderung sprechen. Mit Ausnahme der ersten Frage kann selbst bei einem Nein noch einmal nachgefragt werden, ob sich eine Lösung finden lässt.

Bezieht sich der Förderwunsch auf eine Anschaffung oder einmalige Investition z. B. im Zuge der Digitalisierung oder einer Baumaßnahme, stehen folgende Fragen im Raum:

DIGITALE EXTRAS

	Ja	Teilweise	Nein
Haben wir für die geplante Anschaffung eine sinnvolle Auslastung im Rahmen der Vereinsarbeit?			
Ist es für die Auslastung sinnvoll, mit einer anderen Organisation zu kooperieren?			
Können wir eventuelle Folgekosten (z. B. Software, Schulung, Energie) für unseren Verein tragen?			
Haben wir mögliche Erweiterungen oder Modernisierungen für die Zukunft im Blick?			

Arbeitshilfe 12: Prüfung der geplanten Zusammenarbeit mit einer Förderorganisation für eine Anschaffung

Schritt 4: Antragstellung

Ist das Feld möglicher Stiftungen gesichtet, ist die Antragstellung zu starten. Die Grundlagen finden sich in Kapitel 4.3.5.1.

Schritt 5: Zusammenarbeit gestalten

Stiftungen versenden Förderzusagen als Mitteilung per Brief bzw. E-Mail oder auch als Fördervertrag, in dem die Höhe, Dauer und Auszahlung der Förderung geregelt wird. Wichtig ist, die Förderzusage gründlich zu lesen und alle Abmachungen im Blick zu behalten. Um sich als Verein für weitere Förderungen zu empfehlen, kommt es darauf an, alle Berichte und Unterlagen pünktlich und wie vereinbart zu liefern.

Auf den Punkt

Ein selbstbewusstes, kompetentes und professionelles Auftreten gibt der Stiftung das Gefühl, den richtigen Partner gefunden zu haben.

Folgende Punkte gilt es für die Dauer der Zusammenarbeit zu beachten:

- den Eingang der Förderzusage bestätigen und sich für das Vertrauen bedanken
- alle Vorgaben erfüllen und die Berichte wie besprochen liefern
- zusätzliche interessante Informationen, z. B. Presseberichte, nur nach vorheriger Absprache zusenden
- Einhaltung von kommunikativen Anforderungen der Zusammenarbeit klären; will die Stiftung auf der (Vereins-)Website oder in Drucksachen genannt werden? Soll das Logo erscheinen?
- bei Veranstaltungen im Rahmen der geförderten Projektarbeit Einladungen an die Vertreter der Stiftung senden

Diese Punkte beziehen sich eher auf länger laufende Projekte. Einige Aspekte wie Danksagung oder positive Auswirkungen der Förderung können auch bei Anschaffungen für die Beziehungsarbeit wichtig sein.

4.3.6.3 Gründung einer eigenen Stiftung

Eine eher seltene Variante in der Vereinsszene ist die Gründung einer eigenen Stiftung. Die Basisbedingungen für die Gründung einer Stiftung wurden bereits am Anfang des Kapitels 4.3.6.1 genannt. Es braucht schon ein gutes Fundament an engagierten Menschen und einer starken Verbundenheit untereinander, wenn eine Stiftung in Erwägung gezogen werden soll. Es gilt zu beachten, dass eine Stiftung nach der Gründung durch die Stiftung selbst nicht wieder aufgelöst werden kann. Die Verfügbarkeit des Startkapitals ist eine weitere Bedingung. Ein positives Beispiel im Bereich des Sports findet sich in Hannover.

Ein Beispiel aus der Stiftungspraxis

Im Jahr 2004 wurde in Hannover die Richard-Braumann-Stiftung ins Leben gerufen. Sie dient der Förderung der Arbeit des Turn-Klubb zu Hannover, einem Großsportverein. Ausgehend von einer ersten Kapitalausstattung wird um Spenden, Zustiftungen und Vermächtnisse geworben. Die Betreuung der Stiftung erfolgt über die Bürgerstiftung Hannover (Quelle: https://turn-klubb.de/spende/; 30.03.2024).

4.3.7 Öffentliche Fördermittel

4.3.7.1 Zuwendungsarten und Situation der Zuwendungslandschaft

Zuwendungen sind alle Unterstützungen, die jemand aus dem eigenen Vermögen gewährt. Häufig sind die Gebenden öffentliche Kassen, teilweise Stiftungen oder andere Institutionen. Es gibt verschiedene Arten der Zuwendungen und Grundbegriffe zum Verständnis des Themas – sie sind im Folgenden aufgeführt:

Grundbegriffe	
Zuwendung	Mittel, die jemand aus seinem eigenen Vermögen zuführt; im engeren Sinne zweckorientiert herausgegebene Mittel aus öffentlichen Kassen
Zuschuss	nicht rückzahlbare Zuwendung
Förderungsarten	
Institutionelle Förderung	Zuwendungen dienen der (teilweisen) Finanzierung einer Organisation. Antragsgrundlage sind die Planungen für den Betrieb der Organisation (Mitarbeiter:innen, Sachmittel, Räume usw.).
Projektförderung	Projekte sind inhaltlich und zeitlich abgegrenzte Maßnahmen. Zuwendungen werden nur für diese spezielle Maßnahme gewährt. Antragsgrundlage sind die Planungen für dieses Projekt, insbesondere der Finanzierungsplan.
Finanzierungsarten	
Anteilsfinanzierung	Ein festgelegter Anteil der Gesamtausgaben wird vom Zuwendungsgeber übernommen. In der Regel gibt es einen Höchstbetrag für die Unterstützung.
Fehlbedarfsfinanzierung	Zunächst ist zu prüfen, welchen Mittelanteil der Antragsteller selbst bzw. aus anderen Quellen aufbringen kann. Der Restbetrag wird per Zuwendung finanziert. In der Regel gibt es eine Vorgabe über die Höhe des mindestens zu erbringenden Eigenanteils.
Vollfinanzierung	Die Zuwendung erstreckt sich grundsätzlich auf den Gesamtaufwand. Da jedoch häufig ein Höchstbetrag festgesetzt ist, verbleibt in der Regel auch hier ein Finanzierungsanteil beim Maßnahmenträger.
Festbetragsfinanzierung	Unabhängig vom Gesamtaufwand einer Maßnahme erfolgt die Förderung mit einem festen Betrag.
Ausfallbürgschaft	Als weitere interessante Variante ist die Ausfallbürgschaft zu nennen. Zum Beispiel für Großveranstaltungen übernimmt eine öffentliche Institution oder ein Unternehmen das Risiko der ausbleibenden Kostendeckung. Voraussetzung ist allerdings, dass vorab ein schlüssiges Finanzierungskonzept vorlag. Lediglich das mit einer Veranstaltung verbundene Wagnis, z. B. Einbußen durch schlechtes Wetter und damit ausbleibendem Zuschauerzuspruch, kann durch eine solche Ausfallbürgschaft abgedeckt werden.

Tab. 25: Übersicht zu Arten und Begriffen der Förderung mit öffentlichen Mitteln

In der Praxis haben sich in der letzten Zeit die Anteils-, Fehlbetrags- und Festbetragsfinanzierung als Hauptformen herausgebildet. In Zeiten knapper öffentlicher Mittel stehen Zuwendungen für Vereine häufig auf dem Prüfstand, da sie als zumeist freiwillige Leistungen der Kommune verwaltungsmäßig relativ leicht zu verändern oder gar zu streichen sind.

Praktisch bilden sich unter dem Eindruck der knappen Mittel beispielsweise die folgenden Varianten bei den Zuwendungsformen heraus:

- **Gedeckelter Gesamtbetrag:** Für ein Förderthema (z. B. Baumaßnahmen, Jugendbegegnung) steht eine festgelegte Summe für ein Förderjahr zur Verfügung. Die Verteilung erfolgt zu einem Stichtag und die zu verteilende Summe wird anteilig auf die vorliegenden und förderfähigen Anträge verteilt. Dies kann z. B. bedeuten, dass bei einer Gesamtfördersumme von 100.000 Euro insgesamt 20 Anträge in unterschiedlicher Höhe mit einem Volumen von insgesamt 200.000 Euro vorliegen. Einerseits kann die Verteilung dann so erfolgen, dass jeder der 20 Anträge mit 50 Cent je beantragten Euro bedient wird. Jeder Zuwendungsempfänger erhält dann die Hälfte der von ihm beantragten Mittel. Andererseits kann eine an Sachkriterien – z. B. Höhe des eingebrachten Eigenanteils – orientierte Verteilung erfolgen, welche besondere Förderaspekte betont. Dies ist im Einzelfall durch den Zuwendungsgeber zu entscheiden.
  Eine weitere Option ist das »Windhund-Verfahren«. Die zuerst eingegangenen und den Vorgaben entsprechenden Anträge werden zuerst bedient.

Ein Beispiel aus der Verbandspraxis

Über einen Landesverband wurde in der zweiten Jahreshälfte 2023 ein Förderprogramm im Rahmen sozialer Arbeit aufgelegt. Anfang Dezember war der verfügbare Finanzrahmen für das Jahr durch die genehmigten Anträge ausgeschöpft. Für das Jahr 2024 liegen zu Jahresbeginn schon Anträge vor, mit denen wiederum die Hälfte des erwarteten Budgets abgerufen wird.

- **Zinsübernahme:** Statt die Maßnahme unmittelbar zu fördern, wird die Versorgung mit Finanzmitteln vom Kreditmarkt unterstützt. Damit ist gleichzeitig eine indirekte Prüfung des Projektkonzepts verbunden, da eine Bank ihre Mittel nicht ohne nähere Angaben zur Mittelverwendung verleiht. Die Variante der Zinsübernahme ist in erster Linie bei investiven Maßnahmen von Vereinen, also z. B. bei Baumaßnahmen, realistisch. Für eine Exkursion oder Jugendfreizeit gibt es in der Regel keinen Kredit.
- **Erhöhung des Eigenanteils:** Um mit den abnehmenden Fördermitteln umzugehen, wird der geforderte Eigenanteil (Fehlbedarfsfinanzierung) heraufgesetzt oder der Zuschussanteil abgesenkt (Anteilsfinanzierung). Damit muss sich der Verein intensivere Gedanken machen, wie er durch Eigenarbeit oder die Erschließung zusätzlicher Finanzquellen ein sicheres Finanzierungskonzept auf die Beine stellen kann.

- **Beschränkung der Fremdmittelaufnahme (Darlehen):** Um den Eigenanteil für ein Projekt zusammenzubekommen, ist die Teilfinanzierung über einen Bankkredit durchaus denkbar, auch wenn die Kreditaufnahme für Vereine unter den Kreditvergabebedingungen der Banken mit den Basel-Bedingungen deutlich schwieriger geworden ist. Mit einer Begrenzung des Kreditanteils durch den Projektmittelgeber an der Gesamtfinanzierung werden die Vereine geschützt bzw. der Eigenanteil als wirkliche Leistung des Vereins betont.

Auf den Punkt

Die Projektorientierung und damit eine zeitliche Befristung für die Förderung ist heute sehr weit verbreitet.

Die Vereinsführung sollte sich des Umstands bewusst sein, dass Förderprogramme meist nicht auf unendliche Dauer angelegt sind. Daraus folgt, dass nach einer ersten Projekt- und Förderphase eine Folgeförderung nicht selbstverständlich ist. Ein Förderprogramm

- kann die Folgeförderung für gleiche Projekte ausschließen,
- kann auslaufen,
- kann thematisch mehr oder weniger deutlich verändert werden.

Daraus folgt die schon angesprochene Notwendigkeit, möglichst schon bei der Erarbeitung des Antrags für die Fördermittel über die Zeit nach Auslaufen der Förderung konstruktive Gedanken zu entwickeln. Siehe dazu auch Kapitel 4.3.5.2.

4.3.7.2 Übersicht über öffentliche Fördermittel

Förderprogramme gibt es zu verschiedenen Themen, gerade auch wenn sich neue gesellschaftliche Anforderungen auftun. Manche Themen passen gut zu einem Verein, manche weniger oder gar nicht. Bevor man einen Förderantrag für ein länger laufendes Projekt, eine Veranstaltung oder eine Anschaffung auf den Weg bringt, ist es wie bei den Stiftungsanträgen sinnvoll, sich einige Gedanken zum gesamten Projekt zu machen. Ein solches Projekt kann auch eine Anschaffung sein.

Zuschüsse kommen vor allem aus öffentlichen Haushalten und/oder von Verbänden. Mit dieser Unterstützung wird die Leistung des Vereins für das Gemeinwohl anerkannt. Die Mittel für die Förderung von Kinder- und Jugendarbeit oder von Sport auf kommunaler Ebene sind entsprechende Beispiele.

Auf den Punkt

Fördergelder können Vereinen helfen, ihre Finanzen stabil und sicher zu halten und ihre Ressourcen zu erweitern, um neue Projekte und Initiativen zu starten. Aber sie sind normalerweise auch mit der Übernahme von Aufgaben verbunden.

Bundesweit herrschen große Unterschiede bei Zuschüssen und öffentlichen Fördergeldern. Die Palette von Förderbereichen, -möglichkeiten, -formen und Ansprechpartnern für Förderungen ist nahezu unüberschaubar. Das zentrale Problem: Selbst zu den gleichen Themen können in verschiedenen Bundesländern oder auch Kommunen unterschiedliche Anlaufstellen und Förderbedingungen existieren. Deshalb sind allgemeingültige Aussagen nicht möglich.

Auf den Punkt

Zuwendungen aus öffentlichen Kassen sind keine Spenden oder Sponsorengelder. Sie sind i. d. R. Förderungen, bei denen ein kompetenter Partner zum Erreichen eines Sachziels des Förderers beitragen soll.

Egal, ob wir beispielsweise über Jugend-, Kultur- oder Sportförderung sprechen – es lassen sich einige grundlegende Charakteristika herausarbeiten, wie das Fördersystem in Deutschland aufgebaut ist. In Abbildung 22 sind auch noch einmal die Stiftungen enthalten, sie wurden ja im vorherigen Abschnitt angesprochen. Zudem sind dort Unternehmen/sonstige Organisationen verzeichnet, die nicht zu der Förderung aus öffentlichen Kassen gehören. Sie werden nachfolgend ebenfalls kurz ausgeführt.

Die EU-Förderung ist durch die gestrichelten Pfeile zu den darunter angeordneten Ebenen zu sehen. Förderungen der EU können von den Vereinen meist nicht direkt beantragt werden, sondern sind in anderen Töpfen enthalten, zum Beispiel in vielen Förderprogrammen in den verschiedenen öffentlichen Bereichen, teils auch auf Verbandsebene. Manche Programme sind durch Deutschland und die EU kofinanziert.

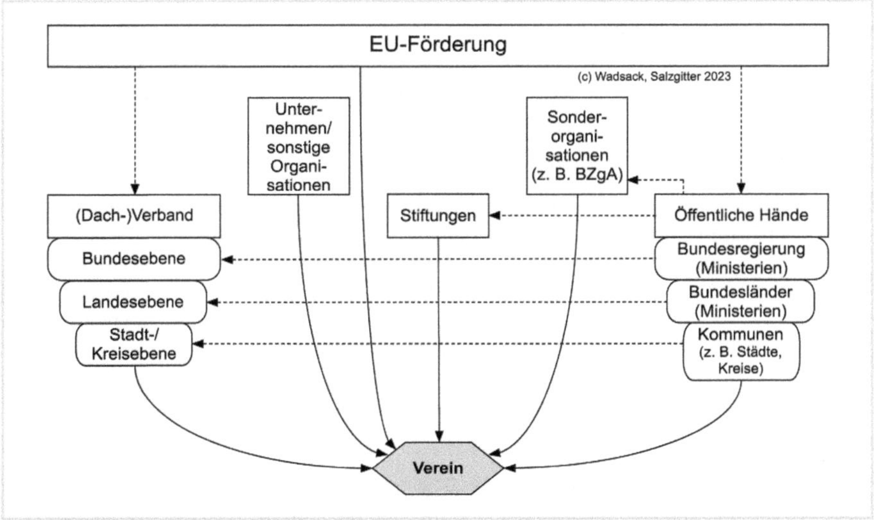

Abb. 22: Förderorganisationen in Deutschland

- **Verband:** Die am nächsten liegende Anlaufstelle ist der für den eigenen Verein zuständige Verband. Die waagerechten Pfeile in der Abbildung verweisen darauf, dass den Verbänden teilweise Mittel aus öffentlichen Kassen zur Verfügung gestellt werden, die dann auf der Basis der fachlichen Kenntnisse des Verbandes möglichst wirkungsvoll an die zugehörigen Organisationen verteilt werden sollen. Je nach Organisationsaufbau gibt es Landes- oder Bundesverbände, die teils auf lokaler oder regionaler Ebene noch einmal untergliedert sind. Manche Verbände haben außerdem Zwischenstufen, z. B. auf Bezirksebene. Die Beratung der Mitgliedsorganisationen über relevante Zuschussbereiche und -programme, teilweise auch deren Vermittlung bzw. Verteilung, sind originäre Aufgaben der Verbände. Da Verbände die am nächsten liegenden Anlauf- und Auskunftsstellen sind, werden die themenspezifischen Förderungen (z. B. Übungsleiterbezuschussung im Sport) hier nicht weiter behandelt.
- **Öffentliche Hand:** Je nach räumlichem Bezug des Vereinsprojekts können die entsprechenden öffentlichen Stellen ebenfalls Zuwendungen bereitstellen. Der erste Schritt führt zur Kommune (oder zum Land). Auch hier ist ein Ansprechpartner des zuständigen Dezernats der Stadt, des Kreises oder der Verwaltungsstelle des Landes ausfindig zu machen. Wenn im Gespräch Empfehlungen ausgesprochen werden, wie man das Vereinsprojekt eventuell optimieren kann, um eine größere Chance auf Förderung zu erhalten oder überhaupt in die Förderung hineinzukommen, sollten sie berücksichtigt werden. Solange die Anpassungen mit den Inhalten des Vereinsprojekts zu vereinbaren sind, können solche Anregungen eine große Hilfe sein. Dieser Hinweis darf keinesfalls als Appell für inhaltlich falsche Anträge missverstanden werden, die nichts mit der Realität zu tun haben und nur dazu dienen, Fördermittel abzugreifen.
- **Sonderorganisationen:** Es gibt einige Organisationen, die von der Bundesregierung und den Landesregierungen eingerichtet wurden, um spezifische Themen besonders herauszustellen und zu verfolgen. Beispiele auf Bundesebene sind:

Organisation	Geförderte Ziele
Bundeszentrale für gesundheitliche Aufklärung (BzgA)	Stärkung der Bereitschaft der Bürger zu verantwortungsbewusstem Umgang mit der Gesundheit und dem Gesundheitssystem. Aktuelle Themenschwerpunkte beziehen sich auf Aidsprävention, Sexualaufklärung, Suchtprävention, Kinder- und Jugendgesundheit, gesunde Ernährung, Organ- und Blutspende. Operative Schwerpunkte sind Informationskampagnen und Forschungsunterstützung. Die Unterstützung besteht häufig in der Zurverfügungstellung von Informationsmaterialien (www.bzga.de).
Bundeszentrale für politische Bildung (bpb)	Förderung des Bewusstseins für Demokratie und politische Partizipation. Schwerpunkte sind u. a. die Bereitstellung von Informationsmaterialien sowie die Förderung von Tagungen und Veranstaltungen (www.bpb.de).

Organisation	Geförderte Ziele
Bundesamt für Familie und zivilgesellschaftliche Aufgaben (BAFzA)	Themengebiete sind v. a. freiwilliges Engagement, demografischer Wandel oder jugendpolitische Fragen. Das Bundesamt ist auch die Koordinationsstelle für Europäische Sozialfonds-Projekte (ESF) (www.bafza.de).
Bundesamt für Migration und Flüchtlinge (BAMF)	Unter anderem Projektförderung zur sozialen Integration, v. a. auch in Verbindung mit der Migrationssituation (www.bamf.de).
Bundesamt für Naturschutz (BfN)	Beratung des Bundesumweltministeriums, Förderung und Betreuung von Forschungsprojekten im Bereich Naturschutz, u. a. mit dem Themenschwerpunkt des Erhalts der biologischen Vielfalt (www.bfn.de).
Bundesinstitut für Sportwissenschaft (BISp)	Das Bundesamt hat insbesondere die Forschungsförderung v. a. im spitzensportlichen Bereich als Arbeitsschwerpunkt (www.bisp.de).
Bundesarbeitsgemeinschaft der Seniorenorganisationen (BAGSO)	Interessenvertretung der älteren Generationen in Deutschland (www.bagso.de).

Tab. 26: Übersicht zu einer Auswahl von Sonderorganisationen

Diese Organisationen sind teils durch die Bundesregierung bzw. die Fachministerien beauftragt, die Fördermittel für den gesamten Themenbereich zu verwalten und zu verteilen und/oder anderweitige Unterstützung für die Bearbeitung ihres Themenbereiches zu bieten.

Tipp

Auf der Internetseite https://www.deutschland.de/de/topic/politik/globale-fragen-recht/bundesaemter-und-bundesanstalten sind insgesamt 37 Bundesorganisationen zu verschiedensten Themen aufgelistet. Ein deutlicher Anteil hat keinen direkten Förderauftrag und ist damit als Anlaufstelle für Fördermittel nicht relevant. Einige Organisationen können jedoch infrage kommen.

- **Unternehmen/sonstige Organisationen:** Auch Unternehmen sollen hier erwähnt werden. Viele wirken durch umfangreiches Engagement im sozialen und kulturellen Bereich. Corporate Social Responsibility (CSR) und Corporate Cultural Responsibility (CCR) sind hier die Stichworte. Die Engagements für z. B. Ausstellungen und andere Veranstaltungen grenzen sich, im Vergleich zum Sponsoring, durch die nicht im Vordergrund stehende kommunikative Gegenleistung wie etwa umfangreiche Werbemaßnahmen ab. Das »siemens arts program« zum Beispiel ist seit den 1990er-Jahren zu einem internationalen Förderprogramm für zeitgenössische Kunst und Kultur geworden, das in Kooperation mit externen Institutionen initiativ auf dem Kultursektor tätig ist. Ein Beispiel für CSR ist das Programm Business@

School der Boston Consulting Group, durch dessen Projekte die Wirtschaftsausbildung an Schulen verbessert werden soll.

Mit »sonstigen Organisationen« sind auch Vereinigungen gemeint, die sich eine Unterstützung der gesellschaftlichen Entwicklung zur Aufgabe gemacht haben. Beispiele sind die »Lions« (www.lions-club.de), die Rotarier (www.rotary.de), Kiwanis (www.kiwanis.org) und Round-Table (www.round-table.de). Auch diese Organisationen können ein wirkungsvoller Partner für den Verein werden, wenn sich ein thematisches Feld findet, in dem sich die Förder- und Vereinsinteressen überschneiden. Zudem bieten sie eine gute Chance auf weitere Vernetzung für den Verein, da dort meist örtliche bzw. regionale Wirtschaftsvertreter und Akteure anderer wichtiger Organisationen vertreten sind.

Normalerweise ist eine Phase des Kontaktaufbaus und eine Kennenlernphase notwendig, bevor es zu einer engeren Zusammenarbeit kommt. Ein Zugang über einen persönlichen Kontakt ist hilfreich. Auf der anderen Seite ermöglichen die organisatorischen Voraussetzungen eine recht zügige Entscheidung über die mögliche Unterstützung.

- **EU-Ebene:** Immer größer wird die EU-Ebene für Förderprogramme mit gesellschaftlichem Bezug, da vielfältige Themen in den Bereichen Kultur, Sport, Jugend und Bildung hier angestoßen und mit Projektmitteln ausgestattet werden. Mit dem Lissabon-Vertrag, der 2009 in Kraft getreten ist, wurden die thematischen Zuständigkeiten noch einmal ausgeweitet. Häufig erfolgen diese EU-Projekte in Form von Kofinanzierungen mit öffentlichen Institutionen in Deutschland. Die Projekte werden meist über Kontaktstellen in Deutschland vermittelt. Teilweise haben Verbände oder Kommunen eigene Beauftragte für die Beobachtung der EU-Förderszene.

Tipp

Im Internet kann man sich von der deutschsprachigen Startseite zu den jeweiligen Themenbereichen vorarbeiten: http://europa.eu/index_de.htm (z. B. https://european-union.europa.eu/live-work-study/funding-grants-subsidies_de; 22.02.2024)

Es bietet sich auch an, einen Blick in die Förderdatenbank des Bundes zu werfen. Dort lassen sich mit der Suchfunktion neben Förderprogrammen des Bundes und der Länder auch aktuelle Förderangebote der Europäischen Union finden (https://www.foerderdatenbank.de/FDB/DE/Home/home.html; 29.02.2024).

Um etwas für den eigenen Verein zu erreichen, müssen immer Energie und Kreativität eingesetzt werden. Insbesondere die Inanspruchnahme von Förderprogrammen verlangt eine vorausschauende Planung seitens des Vereins und seiner Führungskräfte. Von der Antragstellung bis zur Bewilligung kann es oft ein Jahr und mehr dauern, vom formellen Antragsprozedere und den notwendigen Vorbereitungen dafür ganz abgesehen. Es gilt deshalb, frühzeitig aktiv zu werden.

4.3.8 Weitere Fundraisingquellen

Erbschaften

Kurz angeklungen ist weiter oben schon die Möglichkeit des Erbschaftsfundraising. Menschen können einen Verein, wenn sie ihm und seiner Idee stark verbunden sind, auch im Testament berücksichtigen. Sicherlich ein nicht ganz einfaches Thema, vor allem auch, weil sich ein:e Vereinsverantwortliche:r ggf. im Vorfeld darum kümmern muss, was durchaus eine seelische Belastung darstellen kann. Trotzdem: Die allgemeine Information oder Anregung für einen solchen Schritt kann man durchaus in Erwägung ziehen, vor allem, wenn ein Verein über eine längere Historie verfügt und eine stabile Klientel von Mitgliedern über lange Zeit hat, scheint hier eine Chance zu liegen.

Ein Beispiel aus der Vereinspraxis

Der Verein »Wir helfen Kindern e. V.« in Salzgitter hatte 2023 ein Haus geerbt. Dieses wurde verkauft und der Erlös an verschiedene Vereinsprojekte ausgeschüttet. (Quelle: https://www.wirhelfenkindern.eu/neuigkeiten/details/gaensehautmomente-im-januar-2024; 01.02.2024)

Es kann auch Vereinsmitglieder oder Förderer geben, die nach der Erbfolge keine direkten Erben haben und damit frei über die Verteilung ihres Nachlasses entscheiden können. Falls sie das nicht tun, fällt das Erbe möglicherweise an den Staat. Darauf könnte man verweisen.

Geldauflagen-/Bußgeld-Fundraising

In Gerichtsverfahren können im Urteil Geldauflagen festgelegt werden, welche an eine gemeinnützige Organisation zu leisten sind. Der Richter bzw. die Staatsanwaltschaft legt den Empfänger in seinem Urteil fest. Er entnimmt ihn meist einer Liste, die beim zuständigen Gericht vorliegt. In dieser Liste sind die Organisationen verzeichnet, die für eine Geldzahlung infrage kommen. Die Zuständigkeit für diese Liste unterscheidet sich nach Bundesländern. Vereine sollten erwägen, die Aufnahme in diese Liste zu beantragen.

Die Themen sind unterschiedlich, die Auswahl für das Urteil wird i. d. R. mit dem Vergehen in Verbindung stehen. Empfänger der Zahlung können z. B. Kinderschutz-, Natur-/Umweltschutz- oder Tierschutzorganisationen sein. Es ist eine Aufgabe für den Verein, durch geeigneten Kontaktaufbau bei dem Richter in der Wahrnehmung präsent zu sein, um bei der Festlegung als Zahlungsempfänger berücksichtigt zu werden. Zu beachten ist die formelle Seite: Der Zahlungsfluss und die zweckgemäße Verwendung sind zu dokumentieren. Bußgeld-Fundraising kann nicht als feste Größe im Vereinshaushalt berücksichtigt werden. Es ist eine interessante Zusatzoption für den Verein und erfordert eine präzise Beachtung der formalen Vorgaben.

Wettbewerbe und Förderpreise

Wettbewerbe und Förderpreise können nicht nur Engagement ehren, sondern auch ein wichtiges Finanzierungs- bzw. Fundraisinginstrument für Vereine sein. Mit der erfolgreichen Teilnahme an einem Wettbewerb oder dem Gewinn eines Förderpreises können Vereine zu Geld und Öffentlichkeitswirkung kommen. Diese freien Mittel machen dann z. B. zusätzliche Projekte möglich. Häufig ist die Zweckbindung solcher Gelder eher locker (Ausnahme: staatliche Stellen). Daher lassen sich die Mittel dort einsetzen, wo sie am dringendsten benötigt werden. Für die öffentliche Hand (Stadt, Land, Bund) und auch für Stiftungen ist der Gewinn eines Wettbewerbs oder der Erhalt eines Förderpreises ein Qualitätsmerkmal, das durchaus bei der Fördermittelvergabe mit ausschlaggebend sein kann (https://www.vereinswiki.info/node/98; 29.02.2024).

Häufig werden Wettbewerbe und Förderpreise im Bereich Kinder, Jugend, Schule, Wissenschaft sowie Umwelt ausgeschrieben und stellen Instrumente der Engagement- und Innovationsförderung und der öffentlichen Anerkennung dar.

Tipp

Unter https://www.buergergesellschaft.de/mitteilen/nuetzliches/wettbewerbe-foerderpreisewird eine ganze Reihe von aktuellen Wettbewerben aufgelistet, ein Teil davon ist auch für Vereine geeignet.

Unter folgenden Internetadressen finden sich weitere Auflistungen:

- Deutscher Engagementpreis: https://www.deutscher-engagementpreis.de/preiselandschaft
- Wettbewerbe für Sportvereine: https://www.arag.de/vereinsversicherung/wettbewerbe/
- Fundraisingmagazin online: https://web.fundraiser-magazin.de/category/preise-wettbewerbe

Lotterien und Tombolas

Lotterien und Tombolas sind eine Sonderform der Vereinsfinanzierung mit diversen rechtlichen Auflagen. Sie müssen von der zuständigen Behörde genehmigt werden und werden jeweils von den Ministerien des Inneren der Länder und den Ordnungsämtern der Städte bzw. Kreise überwacht (siehe https://www.vibss.de/vereinsmanagement/marketing/veranstaltungsmanagement/rechtliche-aspekte/lotterien-und-tombolas; Vereinslotterie: https://vereinslotterie.de; beide 29.02.2024).

Landeslotterien und Medienfonds

Die »Sternstunden« und die »Aktion Mensch« sind die wohl bekanntesten Medienfonds in Deutschland. Vereine, die sich Inklusionsprojekten verschrieben haben, können sich z. B. bei der »Aktion Mensch« um finanzielle Unterstützung bewerben, müssen aber mit einer aufwendigen Antragstellung und viel Konkurrenz rechnen. Dadurch sind die Chancen auf die Bewilligung eher gering. Weitere kleinere Lotterien und Medienfonds unterstützen gemeinnützige Projekte mit anderen Themenschwerpunkten. Hier ist Recherchearbeit gefragt (https://deutsches-ehrenamt.de/vereinswissen/foerdertipps/).

4.4 Erwirtschaftung inkl. Sponsoring

Für manche Vereine ist die Durchführung z. B. von Veranstaltungen mit zahlenden Besucher:innen ihr »tägliches Brot«, für andere der Ausnahmefall. Insgesamt ist es jedoch eine Möglichkeit, durch eigene Aktivitäten Einnahmequellen aus eigener Kraft zu schaffen. Es darf nicht übersehen werden, dass diese Aktionen mit allen Konsequenzen wirtschaftlichen Handelns verbunden sind. Und wirtschaftliches Handeln bedeutet auch immer ein mehr oder weniger großes Risiko – entweder mit einem teilweisen oder kompletten Ausfall der geplanten Einnahme oder sogar mit einem Verlust der bereits eingesetzten Ressourcen. Der Klassiker schlechthin ist das Vereinssommerfest mit vielen angebotenen Aktivitäten, das wegen schlechten Wetters nur sehr geringe Besucherzahlen hat.

Auf den Punkt

Die Erwirtschaftung von Einnahmen ist immer mit einem gewissen Risiko verbunden.

Gelder können beispielsweise aus folgenden Quellen beschafft werden:

- Kursgebühren für Nichtmitglieder
- Zuschauereinnahmen
- Verkauf z. B. von Speisen/Getränken bei eigenen Veranstaltungen oder auf einem Weihnachtsmarkt, Stadtfest oder bei ähnlichen Gelegenheiten
- Vermietung/Verpachtung vereinseigener Anlagen
- Verkauf von Werbung (z. B. auf der Webseite des Vereins) oder
- Sponsoring

Es ist wichtig zu beachten, dass die Erwirtschaftung im Verein immer im Rahmen der Satzung des Vereins und der Gemeinnützigkeit erfolgen muss. Die erwirtschafteten Mittel sollten dazu dienen, die Ziele des Vereins zu unterstützen.

4.4.1 Erwirtschaftung

Für einen Teil der Sportvereine ist es normal, im Rahmen des Wettkampfbetriebs z. B. alle zwei Wochen Zuschauer:innen zu begrüßen und Eintrittsgeld einzunehmen. Dies ist Teil der normalen Vereinsarbeit. Wenn es aber um die Entwicklung neuer Angebote mit dem Ziel der Einnahmeerwirtschaftung abseits des Standardvereinsprogramms geht, muss eine erste Einschätzung von Ressourceneinsatz und Erfolgsaussicht erfolgen (Arbeitshilfe 13). Es kann sich bei neuen Angeboten z. B. um einen neuen Kurs, einen Ball oder ein Bürgerfrühstück handeln.

DIGITALE EXTRAS

Frage zur Maßnahme	Einschätzung zur geplanten Maßnahme
Wie schätzen wir die Attraktivität der Maßnahme ein? Können wir damit genügend Menschen zur (bezahlten) Teilnahme zu bewegen?	
Welche Vereinsressourcen müssen wir einsetzen, um die Maßnahme vorzubereiten und durchzuführen? • Mitarbeiter:innen (bezahlt, unbezahlt) • finanzielle Mittel • Vereinsräumlichkeiten, -geräte	
Wie ist die Bereitschaft von Mitgliedern und Engagierten einzuschätzen, sich an der Maßnahme als Helfer:innen zu beteiligen?	
Werden wir Kooperationspartner (z. B. die Kommune) benötigen und welche Bedingungen (Planungszeit etc.) sind dann einzuhalten?	
Welche wirtschaftliche Wirkung erwarten wir von der geplanten Maßnahme?	
Welche Risiken sehen wir für die Durchführung der Maßnahme, mit welchen Konsequenzen?	

Arbeitshilfe 13: Bewertung einer Maßnahme zur Erwirtschaftung von Einnahmen

Gerade der Einsatz der unbezahlten Mitarbeiter:innen muss sehr konservativ geschätzt werden, um nicht hinterher mit fünf Menschen die Arbeit von geplanten zehn Menschen bewältigen zu müssen. Hinzu kommt die gesamte Projektorganisation mit den notwendigen Vor- und Nachbereitungsschritten, die ja auch personell abgesichert sein muss.

Tipp

Informationen zur Projektorganisation in Vereinen finden sich auch in »Vereinsorganisation – Den Verein erfolgreich führen und managen« (Wadsack 2021).

4.4.2 Sponsoring

Das Thema Sponsoring ist besonders im Sportbereich mittlerweile sehr professionell aufgestellt. Wir beschränken uns hier auf einige grundlegende Aspekte und ergänzen spezielle Ansatzpunkte für Vereine. Der Umfang der Veranstaltung ist maßgeblich für die Ausdehnung der Sponsoring-Aktivitäten. Durch die besondere Verbreitung im Sportbereich sind in diesem Abschnitt die Beispiele etwas »sportlastig«.

4.4.2.1 Sponsoring als Leistungsbeziehung zwischen Verein und Sponsor

Zu den selbst erwirtschafteten Mitteln des Vereins gehört auch das Sponsoring. Es ist der erfolgreiche Verkauf von Kommunikationsleistungen, vor allem wenn der Verein eine entsprechende Öffentlichkeitswirkung hat. Bei diesem wirtschaftlichen Geschäft steht der gegenseitige Nutzen beider Partner im Mittelpunkt. Bei den Gesponserten kann es sich auch um eine Gruppe bzw. Abteilung aus dem Verein handeln.

Grundsätzlich muss das Sponsoring

- vom Mäzenatentum als Förderung der Kultur und des Gemeinwesens ohne Erwartung einer konkreten Gegenleistung und
- von Spenden als freiwillige (meist Geld-)Gabe ohne Anspruch auf Gegenleistung und unmittelbaren geschäftlichen Nutzen

abgegrenzt werden.

Sponsoring basiert auf dem Prinzip von Leistung und Gegenleistung. Ein Unternehmen (Sponsor) stellt Zuwendungen in Form von Finanz-, Sach- und/oder Dienstleistungen an einen Verein aus dem gesellschaftlichen Umfeld des Unternehmens zur Verfügung. Dafür erhält es vom Verein (Gesponserten) Rechte zur kommunikativen Nutzung auf der Basis einer vertraglichen Vereinbarung.

Ein Beispiel aus der Vereinspraxis

In der Vereinspraxis findet man auch Sponsoring-Partnerschaften, bei denen die echte kommunikative Gegenleistung nicht besonders sichtbar wird. Manche Zusammenarbeit beruht dann auch eher auf einer persönlichen Beziehung der beteiligten Akteure.

Die wesentlichen Beteiligten sind somit der Sponsor und der Gesponserte. Der klassische Sponsor ist i. d. R. ein Wirtschaftsunternehmen aus Industrie, Handel oder Dienstleistung. Auch öffentliche Unternehmen oder Verbände kommen als Sponsoren infrage.

Bei den Sponsoren für eine Veranstaltung oder Organisation wird häufig auf eine Sponsoren-Pyramide verwiesen, welche die Arten und den Stellwert einzelner Sponsoren verdeutlicht (Abbildung 23). In der Abbildung haben wir uns auf vier Stufen beschränkt. Es gibt jedoch durchaus weitere Aufteilungen, auch die Bezeichnungen können unterschiedlich sein. Die einzelnen Stufen sind mit unterschiedlichen Leistungspaketen versehen. Je nach Stufe wird die Exklusivität in Bezug auf die Branche des Sponsors festgelegt, damit nicht gleichzeitig ein Unternehmen aus demselben Wirtschaftszweig auftreten kann.

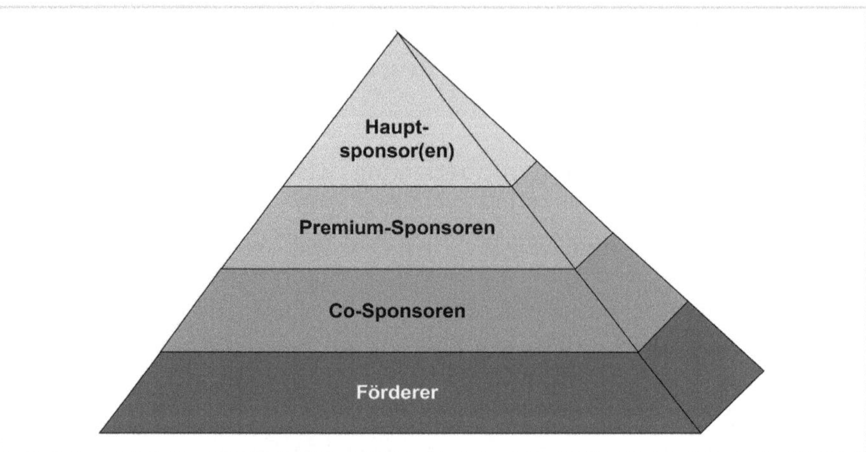

Abb. 23: Einfache Sponsoring-Pyramide (Grafik: Wach)

Neben dem primären Ziel, durch Sponsoring Geld einzunehmen, können auch andere Formen der Unterstützung für Vereine interessant sein. Zum Beispiel:

- Transportleistungen
- Zurverfügungstellung von z. B. Ständen oder Sitzgarnituren für Veranstaltungen
- Bereitstellung von Material, z. B. Bildschirme, Lautsprecher und andere Technik
- Know-how z. B. für die Social-Media-Kommunikation
- personelle Unterstützung für die Veranstaltungsorganisation

Ein Beispiel aus der Vereinspraxis

Ein ortsansässiger Sportverein plant ein Beachvolleyball-Turnier auf einem zentralen Platz in der Stadt. Es wird ein Bauunternehmen gewonnen, das den nötigen Sand für den Verein kostenfrei beschafft und transportiert. Zudem kümmert sich das Bauunternehmen auch um die Abfuhr nach dem Event. Ein Gerüstbau-Unternehmen sorgt für eine kleine Zuschauertribüne. Als Gegenleistung werden Banner ausgehängt und die Zusammenarbeit in verschiedenen Veröffentlichungen bekannt gemacht.

Auf den Punkt

Damit ein Verein potenzielle Sponsoren erfolgreich ansprechen kann, ist es sinnvoll, die Perspektive des Unternehmens einzunehmen.

Sponsoring-Ziele von Unternehmen können u. a. sein: Aufwertung des Image, größere Bekanntheit, Kundenbindung, Kontaktpflege, mittel- und langfristige Umsatzziele, Mitarbeitermotivation, Personalgewinnung, Zeigen von gesellschaftlicher Verantwortung sowie Absatzsteigerung.

Einen Sponsoring-Partner für den Verein zu finden ist oftmals ein langer, arbeitsreicher Prozess. Es bedarf einer hohen Motivation der Beteiligten, vor allem, da erfahrungsgemäß nur sehr wenige Sponsoring-Anfragen erfolgreich sind. Gerade in wirtschaftlich schwierigen Zeiten reduzieren viele Unternehmen ihr Sponsoring-Engagement. Davon sind dann häufig mittelgroße und kleine Vereine betroffen. Trotzdem lohnt es sich immer, Sponsoring als eine Chance zur Vereinsfinanzierung zu sehen.

Der Einsatz von Sponsoring als Finanzierungsinstrument kann aber auch problematisch werden. Es entstehen Abhängigkeiten, die der Verein dann nachteilig spürt, wenn z. B. ein wichtiger Sponsor ausfällt, der Sponsor durch seine Aktivitäten in die öffentliche Kritik gerät oder der Sponsor versucht, Einfluss auf die Organisation bzw. den Vereinsbetrieb zu nehmen.

4.4.2.2 Sponsoringangebot und -zusammenarbeit

Um als Verein den Anforderungen der Unternehmen an Sponsoring zu entsprechen, darf Sponsoring keine Ad-hoc-Entscheidung sein. Um erfolgreich zu sein, sollte nicht nur eine systematische Planung erfolgen, sondern auch ein professioneller Umgang mit den Sponsoren gepflegt werden.

Folgende Punkte müssen zwingend im Umgang mit Sponsoren beachtet werden:

- Eine:n (1!) zuverlässige:n Ansprechpartner:in im Verein beauftragen.
- Die zuständige Person sollte am besten Kompetenzen im Marketing oder im Sponsoring mitbringen.
- Alle Absprachen immer schriftlich fixieren, um Missverständnissen vorzubeugen.
- Sponsoren muss man »pflegen«.
- Einen aktuellen/zeitnahen Informationsaustausch organisieren.
- Fingerspitzengefühl bei der Auslegung von vertraglichen Vereinbarungen zeigen.
- Nachträgliche Forderungen an den Sponsor sind absolut tabu.

Die folgenden Schritte sind für einen Sponsoring-(Planungs-)Prozess sinnvoll:

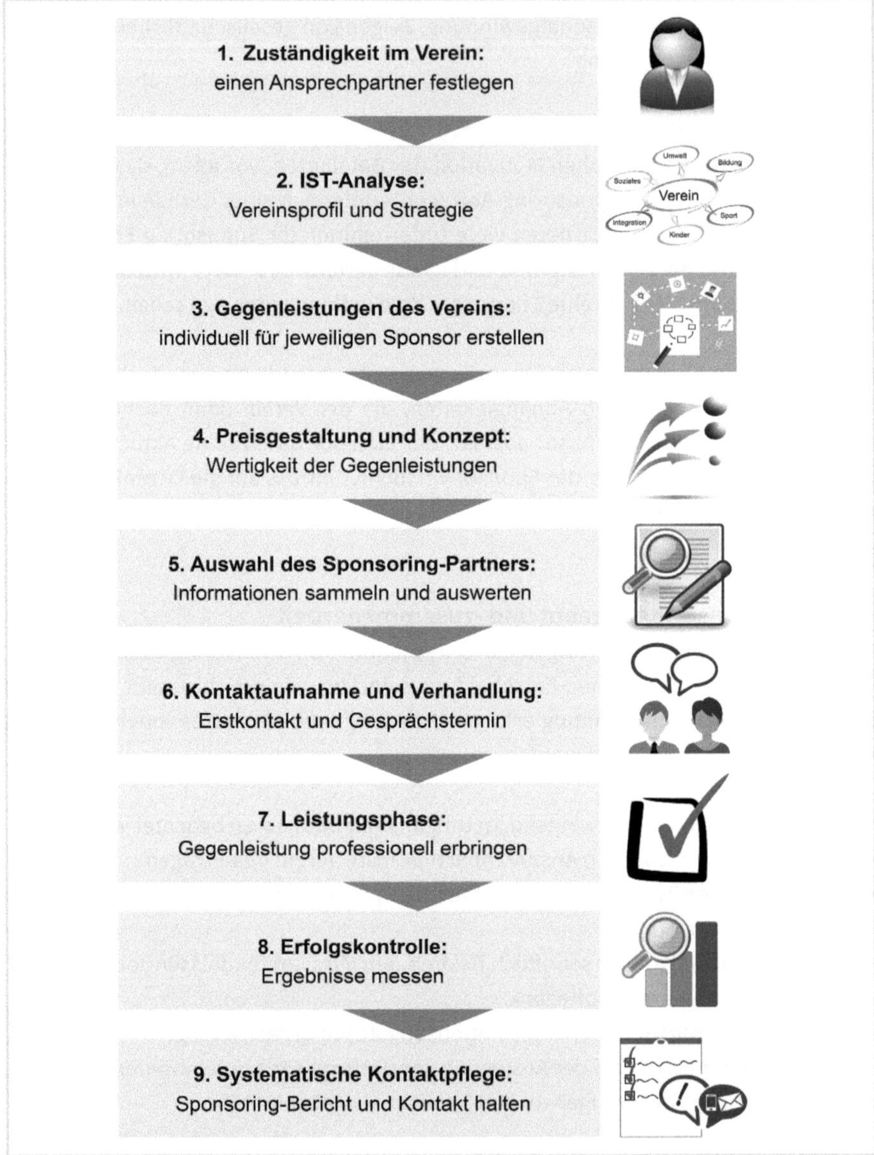

Abb. 24: Vorgehensweise Sponsoring-Prozess (Grafik: Wach)

Schritt 1: Ansprechpartner im Verein festlegen

Für den Verein ist es immer sinnvoll, eine zuständige Person zu suchen, welche den Sponsoring-Planungsprozess übernimmt bzw. verantwortlich begleitet. Wie oben schon angesprochen, sind Kompetenzen im Marketing oder sogar Sponsoring sehr hilfreich. Natürlich kann ein Team bei der Aufgabe unterstützend tätig sein.

Schritt 2: Ist-Analyse

Der Verein sollte sich im Klaren über sein Profil und seine langfristige Strategie sein. Die Erstellung eines Vereinsprofils hilft einerseits dem Verein, sich einen Überblick über sein Sponsoring-Potenzial zu verschaffen. Andererseits kann es dem Sponsor einen guten Überblick zu den spezifischen Merkmalen des Vereins geben. Dabei sind die Auflistung und Darstellung der für den Sponsor wichtigsten Punkte von Bedeutung. Im Internet lassen sich einzelne Sponsoring-Konzepte finden, sie stammen meist aus dem Sportbereich:

Ein Beispiel aus der Vereinspraxis

Die Fußballabteilung des VfL Ostelsheim hat ein eigenes Sponsoringkonzept, die Abteilung hat per 31.12.2023 knapp 270 Mitglieder, der Verein insgesamt 744 Mitglieder (https://www.vfl-ostelsheim.de/unser-verein/aktuelles/; 05.05.2024).

In dem Sponsoringkonzept werden drei Sponsoringpakete definiert. Es fallen jährliche Kosten für den Sponsoren an und einmalige Kosten für die Erstellung der Bandenwerbung und den Eintrag auf der Sponsorenwand.

Hauptsponsor	• Bandenwerbung 3 m, unterer Platz • Erwähnung auf offiziellem Mannschaftsfoto der Aktiven-Mannschaft • Erwähnung auf der Sponsorenwand auf dem Sportgelände Ostelsheim • Erwähnung und Verlinkung auf der Vereinshomepage • Erwähnung und Verlinkung in den sozialen Medien (Instagram, Facebook)
Premiumpartner	• Erwähnung auf offiziellem Mannschaftsfoto der Aktiven-Mannschaft • Erwähnung auf der Sponsorenwand auf dem Sportgelände Ostelsheim • Erwähnung und Verlinkung auf der Vereinshomepage • Erwähnung und Verlinkung in den sozialen Medien (Instagram, Facebook)
Teampartner	• Erwähnung auf der Sponsorenwand auf dem Sportgelände Ostelsheim • Erwähnung und Verlinkung auf der Vereinshomepage • Erwähnung und Verlinkung in den sozialen Medien (Instagram, Facebook)

Sponsoringpakete der Fußballabteilung des VfL Ostelsheim (Quelle: https://www.vfl-ostelsheim.de/fussball-1/sponsoren/; 05.05.2024)

Es gibt aber auch Beispiele abseits des Sports. Der Musikverein Christazhofen (ca. 70 aktive Sänger:innen; https://www.mv-christazhofen.de/unser-verein/; 05.05.2024) hat für ein Musikfest im Jahr 2020 ein Sponsoringkonzept veröffentlicht (https://musikfest-christazhofen.de/sponsoring/; 05.05.2024):

Paket Gold	• Firmenlogo auf unserer Musikfest-Homepage • Firmenlogo auf der Leinwand im Zelt • Firmenbanner im oder um das Zelt • Firmenlogo auf unseren Werbebannern • Logo auf den Speisekarten im Zelt • ein Tisch am Firmen- und Vereinsabend
Paket Silber	• Firmenlogo auf unserer Musikfest-Homepage • Firmenlogo auf der Leinwand im Zelt • Firmenbanner im oder um das Zelt • ein Tisch am Firmen- und Vereinsabend
Paket Bronze	• Firmenlogo auf unserer Musikfest-Homepage • Firmenlogo auf der Leinwand im Zelt

Allerdings musste die Veranstaltung, bedingt durch die Corona-Pandemie, letztlich abgesagt werden.

Beim Sponsoring für Veranstaltungen geht es mehr um Charakter und Reichweite der Veranstaltung.

Schritt 3: Gegenleistungen des Vereins

Nachdem die Ansatzpunkte, die für Sponsoren interessant sein könnten, identifiziert sind, muss eine Liste mit konkreten, umsetzbaren Gegenleistungen entwickelt werden. Es gibt viele Möglichkeiten:

- klassische Präsentation in Druck- und Medienerzeugnissen: Anzeigen und/oder das Firmenlogo in der Vereinszeitung, einem Newsletter oder auf der Homepage
- Banden-, Fahnen- oder Trikotwerbung, vor allem im Sportbereich
- Durchsagen bei Veranstaltungen
- Produktpräsentationen in Vereinsräumlichkeiten oder bei Veranstaltungen
- Gewinnspiele und andere aktive Formen für die Einbindung des Sponsors
- Namensrechte z. B. am Vereinsheim oder Vereinsgelände bzw. für eine Veranstaltung
- Präsentation einer Vereinsgruppe bei einer Firmenveranstaltung

Darüber hinaus kann ein Verein auch neue, kreative Möglichkeiten entwickeln und anbieten. Sie dürfen natürlich nicht gegen gesetzliche Vorschriften und andere Regelungen verstoßen.

Auf den Punkt

Gegenleistungen anzubieten, die nicht sicher erbracht werden können, ist unseriös! Besser: nachträglich zusätzliche Maßnahmen anbieten.

Hier ist jeder Verein gefordert, seine individuellen Möglichkeiten auszuloten und eine Angebotspalette zu entwickeln. Bei mehreren Sponsoren sind die Angebote nach den Abstufungen, z. B. aus der Sponsoring-Pyramide (Abbildung 23), zu gliedern.

Schritt 4: Preisgestaltung

Leider gibt es für die Preisgestaltung der Vereinsleistungen keine Standardpreislisten. Deshalb muss der Verein über die Wertigkeit der einzelnen Gegenleistungen selbst entscheiden. Preise können z. B. durch die Anzahl der (erwarteten) Kontakte (z. B. Veranstaltungsbesucher; TV-Sichtbarkeit des Sponsorenlogos im Verhältnis zur Einschaltquote) bestimmt werden. Dabei kann ein Vergleich mit Anzeigenpreisen der regionalen Presse in Relation zur Auflagenstärke als Orientierung dienen.

Ein Beispiel aus der Vereinspraxis

- Preis für eine Anzeige (20 × 20 cm) in der regionalen Tageszeitung: 1.365 Euro (Aufl. 10.500 inkl. E-Paper)
- Pro 1.000 Leser:innen (Kontakte) bezahlt der Auftraggeber also 130 Euro. Das wird Tausender-Kontaktpreis (TKP) genannt.

TKP berechnen:

$$TKP = \frac{\text{Preis der Werbung}}{\text{Bruttoreichweite}} \times 1.000$$

Einen vergleichbaren TKP erzielt ein Sponsor

- beim Preis von 520 Euro für eine Bande auf dem Fußballplatz für eine Saison (16 Spieltage auf dem heimischen Feld, ausgehend von durchschnittlich 250 Zuschauer:innen pro Spiel=4.000 Zuschauer:innen).
- beim Preis von 195 Euro für 1.500 verteilte Flyer für das Adventssingen des örtlichen Gesangsvereins.

Neben der Anzahl kann auch die Qualität bzw. die Zielgruppe, die mit dem Engagement erreicht wird, im Preiskonzept bedacht werden. Wie bereits erwähnt, können neben Geld auch Sachleistungen des Sponsors und Know-how als Teil der Sponsorenleistung in Betracht kommen. Grundsätzlich gilt dabei: Wenn der Verein an einer langfristig guten Zusammenarbeit interessiert ist, sollte das Preiskonzept realistisch sein!

Schritt 5: Auswahl des Sponsoring-Partners

In den meisten Fällen finden sich nur wenige Unternehmen als mögliche Sponsoren. Unterstützend kann die IHK-Liste der Region, die Online-Lektüre der »Gelben Seiten« oder auch eine Recherche im Internet hilfreich sein.

Idealerweise gibt es im Verein bereits Kontakte zu den anvisierten Partnern. Diese sollten dann unbedingt genutzt werden, um einen Erstkontakt herzustellen.

Auf den Punkt

Bestehende Kontakte sollten immer genutzt werden.

Für alle Partner auf der Sponsoren-Wunschliste des Vereins muss detailliert überprüft werden, ob der Verein für dieses Unternehmen attraktiv sein könnte. Das betrifft vor allem die Ziele/Zielgruppen. Auch sollte überlegt werden, ob es von Vereinsseite Argumente gibt, die gegen eine Partnerschaft sprechen, z. B. mit Blick auf den Jugendschutz, die Produkt- bzw. Angebotspalette oder die gesellschaftliche Ausrichtung.

Es sollten also möglichst viele Informationen über das Unternehmen, wie z. B. dessen Produkte/Dienstleistungen, die Unternehmensgeschichte und Unternehmenszielgruppen eingeholt werden. Zusätzlich können aktuelle Werbeaussagen oder auch bestehende Sponsoring-Aktivitäten etc. überprüft werden. Diese finden sich auf den Internetseiten des Unternehmens, in Geschäftsberichten oder Pressemeldungen.

Auf den Punkt

Bei der Angebotsentwicklung sollte die Perspektive des möglichen Sponsoring-Partners eingenommen werden: Was kann der Verein für den Partner tun?

Wichtig für ein gutes Sponsoring-Angebot sind Argumente, die unmittelbar mit dem möglichen Sponsoring-Partner in Verbindung stehen. Es geht darum zu zeigen, dass der Verein sich in den Partner hineinversetzt und sich überlegt hat, was er mit der Sponsoring-Beziehung für den Partner tun kann.

Schritt 6: Kontaktaufnahme/Verhandlung/Vertragsabschluss
Um einen (telefonischen) Erstkontakt herzustellen, ist es wichtig, die richtige Person auf Sponsorenseite ausfindig zu machen. Wie schon angesprochen ist ein Kontakt, der über einen Menschen aus dem Verein hergestellt werden kann, dabei sehr hilfreich.

Der Inhalt des Telefonats sollte dann eine kurze Vorstellung des Vereins und des Anliegens sein. Besteht keine grundsätzliche Ablehnung für ein Sponsoring-Engagement, ist die nächste Stufe die Übersendung eines Sponsoring-Angebots. Ein Sponsoring-Angebot besteht in der Regel aus folgenden Punkten:

- Skizze zum Inhalt des Sponsoring-Angebots
- Zielgruppe der Maßnahme (Welche Personen? Welche Anzahl?)
- Leistungen des Vereins für den Sponsor, ggf. unterteilt nach den Sponsoren-Arten
- Angabe der damit verbundenen Preise
- Gründe für die Qualität des Angebots bzw. der Arbeit des Vereins

Wichtig dabei ist,

- sich knapp zu fassen, die Vertreter:innen eines Unternehmens wollen keine langen Abhandlungen lesen;
- das Angebot ordentlich aufzubereiten (Strukturierung, Formatierung, Papier, Druckqualität).

Kommt keine Rückmeldung, ist es sinnvoll, das Angebot nach etwa zwei bis drei Wochen telefonisch in Erinnerung zu bringen. Kommt es dabei zu einer Absage, sollte der Verein nachfragen, woran dies liegt und ob eine Partnerschaft generell oder nur momentan ausgeschlossen ist.

Möglicherweise wird auch darauf hingewiesen, dass das vorliegende Angebot noch an der einen oder anderen Stelle überarbeitet werden sollte, damit eine Zustimmung möglich wird. Diese Anpassungen sollten dann, wenn sie inhaltlich vom Verein vertreten werden können, kurzfristig erfolgen.

Letztlich kann das Angebot dann in einen Vertragsabschluss münden, eventuell nach einem zusätzlichen Gespräch oder, bei kleineren Umfängen, per E-Mail. Der Sponsoring-Vertrag beinhaltet alle wichtigen Elemente der gegenseitigen Leistungsbeziehung. Das Angebot in der letzten Fassung wird in der Regel zum Bestandteil des Vertrags.

Tipp

Es ist Sorgfalt auf die Qualität des Vertrags zu verwenden. Schließlich ist dieser die Grundlage dafür, was der Sponsor vom Verein erwarten kann. Vor allem bei den einzelnen Leistungen des Vereins ist genau darauf zu achten, welche Ressourcen dafür eingesetzt werden müssen. Nicht immer ist ein Sponsor kulant und lässt sich auf Nachverhandlungen ein.

Ein Beispiel aus der Vereinspraxis

Ein Verein war glücklich, einen Sponsor für eine Veranstaltung gefunden zu haben. Eine Leistung bestand in der Platzierung eines großen Transparents mit dem Sponsorennamen im Veranstaltungsraum. Der Verein war davon ausgegangen, dass der Sponsoring-Partner das Transparent liefert. Dem war aber nicht so. Letztlich musste das Transparent auf Kosten des Vereins angefertigt werden. Ein guter Teil des eingenommenen Geldes wurde so aufgezehrt.

Schritt 7: Durchführung (Leistungsphase)

Mit dem Abschluss des Sponsoring-Vertrags ist der Verein in der Pflicht, die vereinbarte Gegenleistung zu erbringen. Um eine professionelle Umsetzung sicherzustellen, lohnt es sich, Arbeitshilfen mit Aufgaben und Verantwortlichen zu erstellen.

Während der Leistungsphase muss sichergestellt werden, dass die Gegenleistung stimmt, z. B. dass die Sponsoren-Bande nicht verdeckt ist oder die Anzahl der Nennungen bei Durchsagen eingehalten wird. Schlechte Leistungen fallen (möglicherweise) auf. Schließlich gibt es auch beim Sponsor einen Verantwortlichen, der darauf zu achten hat, dass die Absprachen eingehalten werden. Eine reibungslose Umsetzung sichert die Chance auf eine Fortsetzung oder eine Neuauflage des Sponsoring-Engagements.

Schritt 8: Erfolgskontrolle

Natürlich möchte das Unternehmen eine Rückmeldung dazu erhalten, ob die im Angebot angesprochenen Zielgruppen auch erreicht wurden. Besucherzahlen, eventuell mit Abschätzungen von Altersgruppen und Geschlecht, ein Medienreport zur Darstellung der Veranstaltung oder Vereinsarbeit insgesamt können hier für einen »normalen« Verein ausreichen.

Eine ausgiebige Befragung mit sozialwissenschaftlichen Methoden zu Bekanntheits- und Imageeffekten ist im Normalfall nicht zu erwarten. Ein Verein kann mit eigenen Mitteln z. B. eine Kurzbefragung (nicht repräsentativ) im direkten Zuschauerumfeld durchführen. Die Erinnerung an einen oder mehrere Sponsoren kann Aufschluss über die Wirkung der Werbebotschaft geben. Dabei unterscheidet man zwischen der gestützten und ungestützten Befragung (also mit Vorgabe von Sponsorennamen oder ohne).

Tipp

Wenn es für ein Sponsoring wichtig ist, suchen Sie den Kontakt zu einer Hochschule, um eine solche Befragung ggf. als Seminar- oder Abschlussarbeit fachkundig erledigen zu lassen.

Auf alle Fälle ist es sinnvoll, ein Feedbackgespräch zu führen, in dem beide Seiten sowohl Kritik üben als auch Verbesserungsmöglichkeiten formulieren können. Das hilft dabei, das Engagement für Verein und Sponsor langfristig positiv zu gestalten.

Schritt 9: Systematische Kontaktpflege

Es ist wichtig, dass der Verein weiterhin Kontakt zum Sponsor hält. Ein Ziel sollte in jedem Fall sein, die Partnerschaft zu gegebenem Anlass fortzusetzen. »Gesprächsanlässe finden« heißt hier der konkrete Auftrag im Verein.

4.5 Kredite als »Glücksfall«?

In Kapitel 3.1.1 wurde die Rolle von Krediten bereits eingeschränkt. Für Banken ist die Frage der Sicherheiten ein Schlüsselkriterium dafür, ob ein Kredit gewährt wird. Vereinsvermögen kann in die Waagschale geworfen werden oder es finden sich dem Verein verbundene Menschen, die eine Bürgschaft übernehmen und damit für die Sicherheit des Kredits garantieren.

Alternativen wären

- Darlehen von Mitgliedern, die bereit sind, den notwendigen Geldbetrag zur Verfügung zu stellen.
- Crowdlending als strukturierte Geldbeschaffung über eine bestimmte Anzahl von Menschen.

Ein Beispiel aus der Vereinspraxis

Ein Schützenverein, der im 17. Jahrhundert gegründet wurde, ist durch das Wegbrechen geplanter Einnahmen insolvent geworden. Die Belastungen durch das Darlehen für das neue Vereinsheim konnten nicht mehr getragen werden. Das jährliche Schützenfest als Haupteinnahmequelle hatte über die Zeit aus verschiedenen Gründen an Attraktivität verloren. Dadurch gingen die Einnahmen massiv zurück. Die Bank hatte das Vereinsheim als Sicherheit. Es wurde letztendlich versteigert, der Verein wurde aufgelöst.

5 Ausgaben – der finanzielle Antrieb für den Verein

Aus der Praxis unserer Vereinsvertreter:innen

Einen Monat später trifft man sich zu einer Videokonferenz.

Laura: Einen guten Abend zusammen. Ich habe euch zu diesem Treffen eingeladen, weil ich unbedingt von Konrad wissen möchte, ob er mit seinen Recherchen vorangekommen ist. Und natürlich stellt sich mir die Frage, wie ihr mit der Ausgabenseite umgeht.

Dilara: Das interessiert mich auch brennend. An verschiedenen Stellen haben wir erhöhte Ausgaben, die wir decken müssen. Das fängt bei der vernünftigen Bezahlung der Mitarbeiter:innen an und endet beim Sprit für unseren Vereinsbus. Bei den Einnahmen sehen wir im Moment keine großen Möglichkeiten mehr.

Jan: Das merken wir auch bei uns. Selbst unser jährlicher Vereinsausflug wird deutlich teurer. Wie läuft es denn bei dir, Konrad?

Konrad: Na ja, wir sind aus meiner Sicht gut gestartet und haben die Unterlagen für den Vereinswettbewerb eingereicht. Aber das braucht ja alles seine Zeit. Gerade sind wir dabei, eine Bestandsaufnahme der Ausgaben mithilfe von Tabellen zu machen. Da kommt dann doch einiges zusammen. Bezahlte Mitarbeiter:innen haben wir ja nicht, aber unser Vereinsheim inklusive der Energie ist schon eine Belastung. Und dann auch noch die Reise- und Aufenthaltskosten für das seit Jahren geplante Festival im Herbst in Japan.

5.1 Übersicht

Mit »Ausgaben« sind hier die Abflüsse von finanziellen Mitteln des Vereins gemeint. Im engeren Sinne wird dies in der Fachliteratur auch als »Auszahlungen« bezeichnet.

Vereine sind angehalten, die vorhandenen Vereinsressourcen, z. B. Zeit und Engagement der Mitarbeitenden, und damit auch die finanziellen Mittel zu schonen. Deshalb ist eine umsichtige Vorgehensweise im Umgang mit den Ausgaben notwendig. Im Kapitel zur Kostenrechnung und -optimierung haben wir schon einige Hinweise gegeben (Kapitel 3.3). Die bereits angesprochene Finanzplanung (Kapitel 3.1) gibt den Rahmen für jeden Verein vor. Eine erste Übersicht zu möglichen Ausgabenpositionen bietet Abbildung 25.

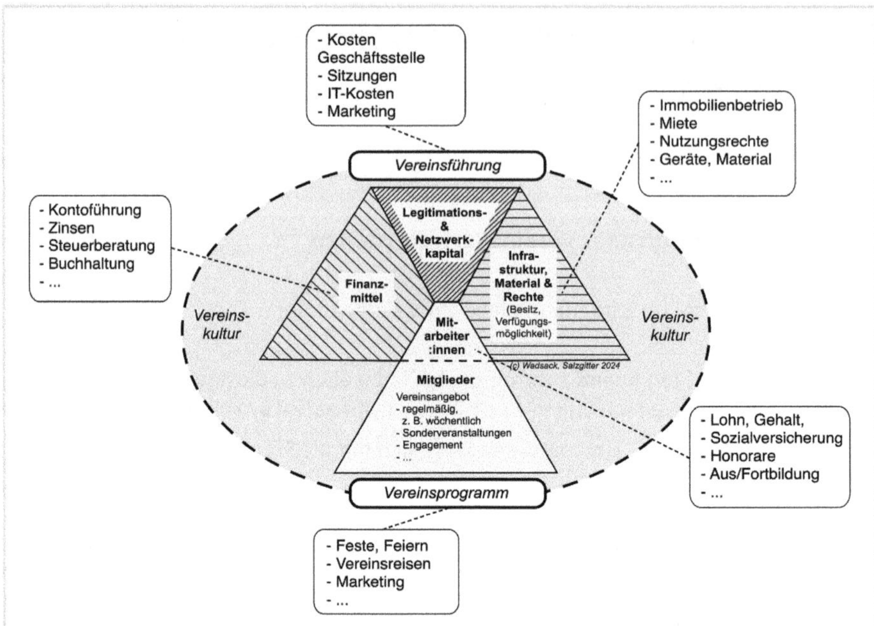

Abb. 25: Kosten der Vereinsarbeit – Beispiele (Abbildung Wadsack; IT – Informationstechnologie)

Allein an den Beispielen in der Abbildung ist ersichtlich, dass es viele Auslöser für Ausgaben in einem Verein geben kann. Eine detaillierte Auflistung zu Ausgaben findet sich in Anhang 1 (Übersicht zu Einnahmen und Ausgaben in den vier Steuerbereichen).

Wegen der zahlreichen Bereiche, in denen es zu Ausgaben kommen kann, ist es wichtig, dass der Verein eine solide Finanzplanung hat und die Ausgaben im Rahmen der finanziellen Möglichkeiten des Vereins bleiben. Eine transparente Buchführung und die regelmäßige Überprüfung der Ausgaben sind ebenfalls wichtig. Vor allem Abweichungen von der Finanzplanung sind genau zu prüfen, um Auswirkungen auf die Gesamtsituation der Vereinsfinanzen zu erkennen.

5.2 Mitarbeiterinnen und Mitarbeiter

Vereine werden häufig mit der Form der ehrenamtlichen Mitarbeit in Verbindung gebracht, verstanden als unentgeltliche Tätigkeit. Je nach Situation und Ausrichtung des Vereins können aber auch bezahlte Mitarbeitsformen eine wichtige, wenn nicht sogar eine zentrale Rolle spielen. Bei einem durchschnittlichen Monatsgehalt (brutto) von 4.000 Euro kommen so für ein Jahr für den Verein als Arbeitgeber etwa 55.000 Euro zusammen.

Einsatzbereiche für bezahlte Mitarbeit gibt es viele: Geschäftsführung, Geschäftsstellenleitung, Buchhaltung, Betreuung der Vereinsangebote, Zuständige für Vereinsanlagen. Neben diesen eher dauerhaften Aufgaben kommen Einsätze z. B. im Rahmen von Projekten oder Veranstaltungen als kurzfristiges Engagement hinzu.

Diese und andere Aufgaben können ohne Bezahlung (ehrenamtlich, freiwillig) oder eben in verschiedenen Formen der Bezahlung (angestellt, Honorarkraft) durchgeführt werden. Hinzu kommt, dass immer wieder von Vereinen auf das Nachlassen des freiwilligen Engagements verwiesen wird. Eine Konsequenz kann der Einsatz bezahlter Kräfte sein.

5.2.1 Mitarbeitsformen aus wirtschaftlicher Sicht

Aus der folgenden Übersicht (Tabelle 27) sind die grundlegenden Mitarbeitsvarianten und ihre finanziellen Anforderungen abzulesen.

	Bezahlung für die Arbeitszeit (Lohn, Gehalt, Honorar)	**fallweise Sonderzahlungen**	**Sozialversicherung**	**Anmerkung**
Beschäftigte mit Arbeitsvertrag (Vollzeit, Teilzeit)	Zahlung entsprechend der vertraglichen Vereinbarung	ggf. Prämien	entsprechend dem Vertragsumfang	• Tarifbindung im Vereinsbereich nicht selbstverständlich • bei Projektkooperationen mit öffentlichen Stellen ggf. Bindung an den TVöD
Minijob	maximal 538 Euro pro Monat (Stand: April 2024), geringfügige Beschäftigung		pauschal durch den Verein	
Honorarkraft	Honorar nach Einsatzzeit (Vertrag)			
Ehrenamtliche		ggf. Ehrenamtspauschale, zzt. 840 Euro p. a. (Stand: April 2024)	ggf. Berufsgenossenschaft	Formen: Wahlämter auf längere Zeit; kürzere Einsatzformen: Projekte, Veranstaltungen

Tab. 27: Übersicht zu Mitarbeitsformen im Verein und den damit verbundenen finanziellen Belastungen für den Verein (eigene Tabelle; TVöD – Tarifvertrag für den öffentlichen Dienst)

Einige grundsätzliche Aspekte sind für alle Mitarbeitsformen zu beachten:

- Die vertragliche Gestaltung bei bezahlter Mitarbeit muss rechtssicher sein.
- Bei allen bezahlten Formen ist der Mindestlohn von 12,41 Euro (seit 01.01.2024) bzw. 12,82 Euro (ab 01.01.2025) zu berücksichtigen.
- Bei allen Mitarbeitsformen können zusätzliche Kosten für Reisen im Auftrag des Vereins und für Aus- bzw. Fortbildungen anfallen.

Aus den unterschiedlichen Mitarbeitsformen ergibt sich die Möglichkeit und Herausforderung für die Vereinsführung, eine möglichst optimale Besetzung für die Vereinsarbeit zu finden. Neben den Kosten spielen dabei auch andere Aspekte des Personalmanagements eine Rolle – sei es die Kompetenz der Mitarbeitenden oder die Herausforderung, eine gute Zusammenarbeit trotz der unterschiedlichen Arbeitsbedingungen zu erzielen.

Aus wirtschaftlicher Sicht ist genau darauf zu schauen, in welchem Umfang der Verein Arbeitskraft benötigt und in welcher Mitarbeitsform diese geleistet werden kann bzw. soll. Letztendlich zählt dann die Tragfähigkeit der Vereinsfinanzen, inwieweit auch bezahlte Mitarbeit in die engere Wahl kommt.

Eine weitere Alternative ist die Kooperation mit einem oder mehreren anderen Vereinen. So können einzelne Aufgaben gebündelt und zentral bearbeitet werden. Vor allem Aufgaben der Vereinsverwaltung einschließlich der Buchhaltung sind vom Grundsatz her relativ gleichförmig und greifen nicht in die Programme der beteiligten Vereine ein.

Ein Beispiel aus der Vereinspraxis

Die Interessengemeinschaft Sport Heddesheim e. V. ist ein Dachverein für vier Sportvereine in der Gemeinde Heddesheim (Rhein-Neckar-Kreis) mit dem Ziel der Unterstützung der Vereine in administrativen Aufgaben, bei den Angeboten und für die Weiterentwicklung der Vereine. Zudem werden Aufgaben der Netzwerkarbeit wahrgenommen (https://www.igs-heddesheim.de/die-interessengemeinschaft-sport-heddesheim-igsh/; 04.02.2024).

Eine weitere Option ist das Outsourcing von Leistungen, also der Einsatz von Dienstleistern für einzelne Aufgaben. Auf der Basis eines entsprechenden Vertrags übernimmt der Dienstleister die Aufgabe in eigener Verantwortung. Klassiker im Vereinsbereich sind die Übernahme der Vereinsbuchführung durch ein Steuerbüro oder die Erledigung von Pflegeaufgaben für die Vereinsanlage durch eine Gärtnerei.

5.2.2 Achtung: Ehrenamtliche Mitarbeit ist nicht kostenlos!

Ehrenamtliche Mitarbeit ist freiwillige und unentgeltliche Mitarbeit. So eine gängige Definition. Sie ist enorm wertvoll für Vereine. Und sie ist nicht »kostenlos«.

Allein schon die Zahlung der Ehrenamtspauschale als pauschalierte Auslagenerstattung ist ein Geldabfluss für den Verein und verursacht somit Kosten, wenn der Verein diese Zahlung vorsieht. Darüber hinaus können Material- und Fahrtkosten, Kosten für Fortbildungen sowie die Kosten für Ehrungen und Mitarbeiterveranstaltungen aufgeführt werden. Die Betreuung und Koordination der unbezahlten Mitarbeiter:innen kann ebenfalls als Kostenpunkt angeführt werden. Vor allem, wenn diese von bezahlten Mitarbeiter:innen übernommen wird.

Es kann auch passieren, dass ehrenamtlich Engagierte Fehler machen – das kostet dann nicht nur Zeit, sondern möglicherweise auch Geld. Beispiele sind: unkluge Anschaffungen, schlechte Kalkulation oder aufwendige Arbeitsmethoden (Reisen statt per Skype kommunizieren). Allerdings: Auch bezahlte Mitarbeiter:innen können schlechte Entscheidungen treffen.

Es gilt zu bedenken, dass manche Kostenübernahme oder eine Dankeschön-Veranstaltung für Ehrenamtliche im Vereinsjahr eine wichtige Rolle in puncto Wertschätzung spielen können. Wenn dies zu einem Verbleib der Engagierten führt, ist das ein positiver Beitrag zu den Vereinsfinanzen.

5.3 Vereinsanlagen (Gebäude, Gelände)

Die finanzielle Anforderung für einen Verein aus Vereinsanlagen kann verschiedene Ausgangspunkte haben:

- Betrieb einer vorhandenen Vereinsimmobilie, ggf. mit einem Vereinsgelände
- Neubau bzw. Erweiterungsbau einer Vereinsimmobilie
- längerfristige Miete von Räumlichkeiten, Pacht von Gelände für die Vereinsarbeit
- kurzzeitige Miete von Räumlichkeiten, Flächen z. B. für eine Vereinsveranstaltung

Baumaßnahmen, egal ob Neubau oder Erweiterung, sind für sich genommen ein sehr komplexes Thema, wie schon in dem Kapitel zu Investitionen (Kapitel 3.1.3) deutlich geworden ist. Hier seien nur ein paar Hinweise gegeben.

Plant der Verein neue Vereinsanlagen, fallen in der Regel Bau- und Errichtungskosten an. Das können unter anderem der Kauf oder die Pacht des Grundstücks, die Planung und der Bau der Anlage sowie eventuelle Baunebenkosten wie Genehmigungsgebühren oder das Architektenhonorar sein. Dazu müssen in der Planungsphase in jedem

Fall alle Kosten detailliert erfasst werden. Zudem ist es wichtig, dass mehrere Angebote eingeholt werden. Um die finanzielle Belastung für den Verein zu reduzieren, sollten frühzeitig Fördermittel oder Zuschüsse von öffentlichen Stellen beantragt werden. Auch die Gewinnung von Sponsoren kann dazu beitragen.

Im Sinne der mittel- und langfristigen Finanzplanung ist es unter wirtschaftlichen Gesichtspunkten wichtig, einen Blick in die Zukunft zu werfen. Mithilfe der Lebenszyklusanalyse gilt es, künftige Finanzbelastungen abzuschätzen. Schließlich reicht es finanziell nicht aus, das Bauprojekt fertigzustellen, es soll ja auch genutzt werden. Im Zuge dessen fallen vor allem die laufenden Betriebskosten an. Darüber hinaus muss darauf geachtet und einkalkuliert werden, welche Instandhaltungs- und Modernisierungsinvestitionen innerhalb einer 30- bis 50jährigen Nutzungsdauer notwendig werden können. Schließlich wird es zu Abnutzungserscheinungen oder technischem Verschleiß und Überalterung kommen. Womit man rechnen muss, kann man nicht pauschal beantworten, hier ist im Vorfeld im Gespräch mit Expert:innen eine Analyse zu erarbeiten.

Auf den Punkt

Bei Baumaßnahmen ist eine Lebenszyklusanalyse in jedem Fall sinnvoll, um eine Vorstellung davon zu bekommen, welche finanziellen Belastungen in den Folgejahren auf den Verein zukommen können.

Wie bereits erwähnt, fallen für den Verein für die Nutzung von Vereinsanlagen im eigenen Besitz laufende Betriebskosten an, u. a. für Energie, Heizung, Wasser, Reinigung, Versicherungen oder Reparaturen. Eventuell kommen noch Personalkosten hinzu, wenn z. B. ein:e Hausmeister:in, Gärtner:in oder Platzwart:in beschäftigt wird. Die Verkehrssicherungspflicht kann z. B. an Zufahrten zu dem Bedarf führen, Bäume auf ihre Standsicherheit zu prüfen und ggf. beschneiden oder fällen zu lassen.

Einige Kosten für vereinseigene Anlagen lassen sich auch vermindern oder sogar vermeiden, wenn die Mitglieder sich engagieren. Reinigungsarbeiten, einfache Handwerksarbeiten (z. B. Streichen) oder die Vor- und Nachbereitung von Einrichtungen des Vereins bei einem Saisonbetrieb sind typische Einsatzbereiche. Regelmäßige Arbeiten können mit einer Arbeitspflicht für Mitglieder in der Satzung verankert werden, die bei Nichterbringen eine finanzielle Ersatzleistung auslösen. Bei allen Tätigkeiten ist vorab zu prüfen, wie die haftungsrechtlichen Voraussetzungen sind, wenn sich ein Unfall ereignet oder durch den Einsatz ein Schaden entsteht.

Hinzu kommen Ausgaben, die sich aus Veränderungen von Rechtsvorschriften oder aus anderen Sonderereignissen ergeben können:

- In der jüngeren Vergangenheit sind neue Regelungen zum Brandschutz und zur energetischen Sanierung dazugekommen.
- Unwetterschäden aus Überschwemmungen oder Sturm müssen finanziell gestemmt werden, v. a. wenn sie nicht durch eine Versicherung gedeckt sind.

Vereine planen immer wieder Veranstaltungen, für die verfügbare Räumlichkeiten nicht ausreichen. Dann muss ein Veranstaltungssaal (Vereinsshow, Ausstellung, Vortrag), ein Bierzelt (Schützenfest, »Oktoberfest«) oder eine Sporthalle z. B. für die Ausrichtung einer Meisterschaft gemietet werden. In kleinerem Rahmen kann dies auch ein Raum für Projektgruppensitzungen sein oder für die Vorstandssitzung im Dorfgemeinschaftshaus. Bei nicht vereinseigenen Gebäuden – für einzelne Vorhaben oder für die regelmäßige Nutzung – fallen dann Miete oder Pacht an sowie die typischen Nebenkosten, wie man sie auch aus dem Privatbereich kennt.

Besonders wenn kleinere Räume benötigt werden, lohnt es sich zu schauen, ob eventuell ein Partner über eine entsprechende Möglichkeit verfügt und diese zur Verfügung stellt: eine Scheune, einen Sitzungsraum, den Veranstaltungsraum einer Kirchengemeinde oder ein Raum in einem momentan nicht genutzten Geschäft. In allen Fällen muss sichergestellt sein, dass der Raum für den Verwendungszweck geeignet ist und den erforderlichen Hygiene- und Sicherheitsstandards entspricht.

Sind Handwerker für einen größeren Einsatz vonnöten, ist es sinnvoll, mehrere Angebote einzuholen und zu vergleichen. Auch bei Beziehungen innerhalb des Vereins sollten die Kosten nicht aus dem Blick geraten.

5.4 Materialien und Geräte für den Vereinsbetrieb

Grundsätzlich lassen sich zwei Sorten von Materialien unterscheiden:

- **Gebrauchsgüter** können nach der Anschaffung über einen längeren Zeitraum mehrfach verwendet werden. Typisch für einen Verein sind z. B. Instrumente, Lehr- und Übungsmaterial, Trikots bzw. Vereinskleidung (soweit nicht persönlich angeschafft), Sportgeräte.
- **Verbrauchsgüter** werden mit der ein- bzw. mehrmaligen Nutzung verbraucht, sie müssen also regelmäßig neu beschafft werden. Dies kann z. B. Pflegematerial für Geräte, Munition im Schützenverein, Toilettenpapier oder Zeichenmaterial sein.

Vor allem bei Verbrauchsgütern kann überlegt werden, mit anderen Vereinen eine Einkaufsgemeinschaft zu bilden, um mit größeren Nachfragemengen Rabatte auszuhandeln.

Hinzu kommen Geräte, die sich nach dem Tätigkeitsbereich des einzelnen Vereins richten. Für die Geschäftsführung und die Vereinsführung ist die IT-Ausstattung heutzutage eine wichtige Grundlage. Die Spanne von Geräten für Vereine ist riesig, deshalb können hier keine weitergehenden Hinweise gegeben werden. Dass Merkmale wie ein Preisvergleich sowie Service- und Reparaturmöglichkeiten in die Beschaffungsentscheidung einzubeziehen sind, kann als selbstverständlich angesehen werden.

Tipp

Für den IT-Bereich kann ein Blick auf die Seite https://www.stifter-helfen.de/ (Stand: April 2024) die Chance auf eine preisgünstige Beschaffung von Geräten bzw. Software sein.

Wie schon im Kapitel zur Kostenrechnung (Kap. 3.3) angesprochen, ist es wichtig, die Lebensdauer von Geräten am besten in Form von Abschreibungen zu beachten und zu berücksichtigen.

5.5 Laufende Kosten für den Vereinsbetrieb

Die laufenden Kosten für den Vereinsbetrieb wurden an verschiedenen Stellen in den vorherigen Kapiteln bereits angesprochen. »Laufende Kosten« bedeutet, dass die Kosten über das ganze Jahr anfallen. Dabei ist es unerheblich, ob die Zahlungen wöchentlich, monatlich oder jährlich fällig werden. Davon abzugrenzen sind Projektkosten, wenn z. B. im Rahmen des Vereinsprogramms eine Reise oder Veranstaltung geplant wird (vgl. Kapitel 3.1.2 zur Projektbudgetierung).

Die laufenden Kosten können nach folgenden Bereichen unterschieden werden:

- **Vereinsprogramm:** Alle Kosten für den regelmäßig durchzuführenden Vereinsbetrieb. Beispiele: Mitarbeiter:innen, Raumkosten, Verbrauchsmaterial, Geräteverschleiß, Lizenzen für einzelne Angebote.
- **Vereinsführung:** Die Vereinsführung arbeitet zwar im Hintergrund, benötigt für ihre Tätigkeit aber auch finanzielle Mittel. Beispiele: Vereinsmarketing/Medienarbeit, Klausurtagung, Beratungskosten, Mitarbeiter:innenentwicklung/Aus- und Fortbildung für Mitarbeiter:innen/Führungskräfte.
- **Vereinsverwaltung:** Die Zuarbeit für die Vereinsführung und Unterstützung der Vereinsangebote beruht auf einer guten Ausstattung. Beispiele: Mitarbeiter:innen, IT-Ausstattung/Hard- und Software, Raumkosten.
- **Vereinsimmobilien:** Räume und Flächen im Vereinsbesitz erfordern Sicherung und Pflege. Beispiele: Reinigung, Versicherung, Grünanlagenpflege.

Die folgende Arbeitshilfe kann bei der Erfassung der laufenden Kosten helfen.

DIGITALE EXTRAS

	monatlich	**quartalsweise**	**halbjährlich**	**jährlich**
Miete oder Pacht für Räumlichkeiten				
Strom-, Wasser- und Heizungskosten				
Versicherungsbeiträge				
Verwaltungskosten, z. B. Büromaterial, Telefon				
Gehälter, Aufwandsentschädigungen für Mitarbeiter:innen oder Vorstandsmitglieder				
Kosten für Veranstaltungen und Aktivitäten, z. B. Raummiete, Catering, Werbematerial				
Mitgliedsbeiträge an Dachverbände oder andere Organisationen				
Kosten für Öffentlichkeitsarbeit, z. B. Website, Flyer				
Steuern und Abgaben				
Sonstige Ausgaben, z. B. Reparaturen, Instandhaltung, Fortbildungen				
...				

Arbeitshilfe 14: Laufende Kosten Vereinsbetrieb

Die realen Betriebskosten richten sich letztlich nach den Tätigkeiten und Besitzverhältnissen des einzelnen Vereins.

Die erfassten Positionen sind nicht zu unterschätzen, da sie zum Teil aus der Gewohnheit heraus als selbstverständlich angesehen werden und damit »unter dem Radar« laufen, wenn es um die Kostenbetrachtung im Verein geht. Sie haben ein wenig den Charakter von »Eh-schon-da-Kosten«. Daher ist es wichtig, die laufenden Kosten im Blick zu behalten und regelmäßig zu überprüfen, um sicherzustellen, dass der Verein finanziell stabil bleibt und seine Aufgaben erfüllen kann.

5.6 Outsourcing – Chancen und Risiken für Vereine

Outsourcing steht für die Vergabe von Aufgaben eines Vereins an einen Dienstleister oder eine andere Organisation. Im Normalfall muss dafür ein Entgelt gezahlt werden. Gerade unter den Bedingungen eines vielleicht nachlassenden Engagements v. a. bei den ehrenamtlichen Mitarbeiter:innen und den hohen Anforderungen an Fachkompetenzen für einzelne Aufgaben, ist dies eine Erwägung, die im Verein angestellt werden kann.

5.6.1 Auslöser für Outsourcing-Überlegungen

In Unternehmen ist der Beginn des Outsourcings meist ein Kostenthema. Dies haben wir im Verein recht selten, werden doch die meisten Aufgaben unentgeltlich abgedeckt. Was sind also Auslöser der Outsourcing-Überlegung im Verein?

- Ein zentraler ehrenamtlicher Mitarbeiter zieht sich aus der Vereinsarbeit zurück. Wenn z. B. der bisherige Schatzmeister ein Steuerberater war und nun nicht mehr zur Verfügung steht, stellt sich die Frage, ob sich im Kreis der Vereinsmitglieder adäquater Ersatz findet.
- Der Verein steht vor neuen Herausforderungen, wenn er z. B. durch die Beteiligung an einem öffentlich geförderten Aktionsprogramm durch neue Aufgaben höhere Anforderungen im Bereich Marketing, Öffentlichkeitsarbeit oder Mitarbeiterverwaltung hat.
- Die bisherige Form der Erledigung von Aufgaben reicht für die künftige Entwicklung des Vereins nicht mehr aus. Etwa wenn der Vereinsauftritt im Internet bislang aus eigener Kraft – mit viel Liebe, aber begrenzter Qualität – erstellt wurde, kann die Zusammenarbeit mit einer Fachperson eine deutliche Verbesserung bringen.
- In der heutigen Zeit sehen sich auch die Vereine dem Thema Digitalisierung ausgesetzt. Entsprechend muss die Technik-Infrastruktur immer wieder modernisiert und ausgebaut werden. Vielleicht benötigt der Verein einen eigenen Server, die Vereinsanlagen müssen eingebunden werden, der Internetzugang muss gesichert werden – eine Spezialistenaufgabe, die nur begrenzt oder überhaupt nicht innerhalb des Vereins abgedeckt werden kann oder soll.

Damit mündet die Überlegung zum Outsourcing in einer »Make-or-buy«-Entscheidung. Es gilt zu entscheiden, ob Aufgaben von Vereinsmitgliedern übernommen werden können oder ob es sinnvoll und möglich ist, deren Erledigung auszulagern. Die zentralen Vereinsaufgaben, z. B. die Angebote für die Mitglieder zu gestalten, sogenannte Kernaufgaben, werden nicht infrage stehen. Die Buchhaltung, die Aufbereitung der Steuerunterlagen, Social-Media-Arbeit und Homepage-Pflege bzw. die gesamte IT-Arbeit oder die Mitgliederverwaltung sind im Rahmen einer solchen Überlegung in Erwägung zu ziehen – aber immer auch mit dem Blick auf die Finanzierbarkeit. Eine erste Unterstützung kann Arbeitshilfe 15 bieten.

DIGITALE EXTRAS

Aufgabenbereich des Vereins (Beispiele)	Auf jeden Fall in eigener Verantwortung	Outsourcing denkbar	Wer könnte Partner sein?
Buchhaltung			
Jahresabschluss			
Mitgliederverwaltung			
IT-Service			
Medienarbeit (Homepage, Social Media)			
Reinigung Vereinsheim			
Grünanlagenpflege Vereinsgelände			
Bewirtschaftung der Vereinsgaststätte			
...			

Arbeitshilfe 15: Erste Prüfung der Outsourcing-Möglichkeiten im Verein

Entscheidet man sich für die Erledigung in eigener Verantwortung, muss die zuverlässige Übernahme der Aufgabe sichergestellt werden.

Die Gründe für eine Fremdvergabe sind für Vereine meist die Qualität der Arbeit und ggf. die mangelnde Bereitschaft von Mitgliedern, diese Aufgabe zu erledigen. Pläne zum Outsourcing müssen für die Mitgliederversammlung vorbereitet werden, zumal damit ja eine Belastung des Vereinshaushalts verbunden sein wird. Dabei ist aber auch gleichzeitig deutlich zu machen, welche Vorteile mit der fachkompetenten Übernahme der Aufgaben verbunden sind. Die Entlastung der aktiven Ehrenamtlichen ist nicht zu unterschätzen.

Auf den Punkt

Wichtig ist, die Mitglieder früh in die Outsourcing-Überlegungen einzubeziehen, damit die Belastung des Haushalts nachvollziehbar ist und dieser dann auch verabschiedet werden kann.

5.6.2 Partnersuche und -auswahl

Die Partnersuche ist eine anspruchsvolle Aufgabe – es geht ja in der Regel um eine längerfristige Bindung und Zusammenarbeit. Gerade bei fachlich anspruchsvollen Themen können hier gravierende Fehler passieren, weil man mangels Fachkenntnissen nicht weiß, welche Aufgaben zu bearbeiten sind. Informationsgespräche mit verschiedenen Leistungsanbietern können Aufschluss darüber geben, welche »Themen« zu beachten sind. Bei Reinigungsdienstleistungen wären dies z. B. die Reinigungsintervalle, die Art der Reinigung als regelmäßige Reinigung oder nach Sicht. Grundlage für die Ausschreibung und Zusammenarbeit ist i. d. R. ein sehr genaues Leistungsverzeichnis mit den einzelnen zu erledigenden Aufgaben.

Auf den Punkt

Es ist klug, Zeit in die Klärung der für den Verein wirklich notwendigen Aufgaben zu investieren.

Letztlich geht es um den zukünftigen Bedarf des Vereins, der mit Augenmaß zu bestimmen ist. Ein unabwendbarer Mehrbedarf führt möglicherweise zu höheren Kosten oder durch ein zu großzügig geplantes Pauschalabkommen verliert der Verein Geld.

Das Ergebnis dieser Aufgabenklärung muss ein sogenanntes Leistungsverzeichnis sein, in dem die zu erledigenden Aufgaben sehr detailliert erfasst sind (Tabelle 28). Wenn es hart auf hart kommt, ist dieses Leistungsverzeichnis als Bestandteil des Dienstleistungsvertrags eine wichtige Grundlage für die Klärung von Unstimmigkeiten.

Auf den Punkt

Ein Leistungsverzeichnis ist entscheidend. Und es muss so präzise wie nur möglich formuliert sein.

Fragen im Leistungsverzeichnis	Anmerkungen
Was ist zu tun (Aufgabenliste)?	Eine konkrete Bezeichnung der einzelnen Aufgaben ist vorzunehmen. Je konkreter, desto besser.
Wie ist es zu tun (Qualität der Leistung)?	Die alleinige Aufzählung reicht nicht aus, sondern es muss klar sein, in welcher Qualität die Aufgaben auszuführen sind. Es ist gerade für Nichtfachleute schwierig, diese Qualität überhaupt zu charakterisieren. Im Reinigungsbereich wird beispielsweise u. a. zwischen feucht wischen, Sichtreinigung, Grundreinigung und Unterhaltsreinigung unterschieden.
Wie häufig ist es zu tun (Intensität der Leistung)?	Es muss auch geklärt werden, ob z. B. die monatliche Aktualisierung einer Vereinshomepage reicht oder ob diese wöchentlich oder auf Abruf zu erfolgen hat.

Tab. 28: Erstellung eines Leistungsverzeichnisses

Tipp

Das frühzeitige Einsetzen einer Projektgruppe für die Vorbereitung des Leistungsverzeichnisses und der Ausschreibung kann eine sehr große Hilfe sein, um eine gut funktionierende Zusammenarbeit mit einem Dienstleister anzubahnen. Zeit und Energie für Recherchen und Vorgespräche vorzusehen ist an dieser Stelle wertvoll.

Das Leistungsverzeichnis ist die Grundlage für die Ansprache potenzieller Partner, da sie so den Arbeitsaufwand abschätzen und ihren Preis ermitteln können.

Hat man nun z. B. drei Angebote vorliegen, müssen sie gesichtet und in eine Rangfolge gebracht werden. Die Bewertung sollte einer Systematik folgen, die sich an den Bedürfnissen des Vereins ausrichtet. Neben der Einhaltung des Leistungsverzeichnisses und der damit verbundenen Kosten können weitere Kriterien, wie z. B.

- räumliche Nähe des Anbieters,
- Erfahrungen mit Vereinen,
- Bekanntheit der Referenzen,
- Aussagekraft des Angebots oder
- Eingehen auf die besonderen Bedürfnisse des Vereins, etwa durch eigene Vorschläge für die Notwendigkeit von Leistungen,

entscheiden. Welche Auswahlkriterien betrachtet werden, sollte vor der Sichtung der Angebote entschieden werden.

Tipp

Legen Sie eine Punkteliste an, wie sie in der folgenden Arbeitshilfe als Beispiel aufgeführt ist. Solche Bewertungslisten sind auch für andere Auswahlverfahren z. B. im Mitarbeiterbereich, bei der Anschaffung eines Computers oder von Software für den Verein einsetzbar.

DIGITALE EXTRAS

Bewertungsliste für Angebote			
Kriterium	**maximale Punktzahl**	**erreichte Punktzahl**	**Bemerkungen**
Qualität des Angebots	10		
Einhaltung des Leistungsverzeichnisses	10		
Räumliche Nähe des Anbieters	5		
Erfahrung mit Vereinen	10		
Referenzen	5		
Besonderer Bezug auf unseren Verein	5		
Kosten der Zusammenarbeit	20		
...	...		
Summe			

Arbeitshilfe 16: Bewertungsliste für Angebote

Mit der Festlegung der maximalen Punktzahl kann man auch die Gewichtung steuern, mit der die einzelnen Kriterien in die Bewertung eingehen. Bei einem EDV-Partner ist es vielleicht weniger wichtig, ob der Anbieter ortsansässig ist, da die Kommunikation weitgehend digital passieren kann. Dagegen hat dieses Kriterium bei einem Steuerberater mehr Bedeutung, mit dem eventuell kurzfristig persönliche Rücksprache gehalten werden muss. Damit könnte dieses Kriterium entsprechend unterschiedlich viele Maximalpunkte haben.

Der nächste Schritt besteht darin, mit den beiden am besten bewerteten Anbietern ein persönliches Gespräch zu führen. Es ist sinnvoll, auch ein persönliches Gefühl für den möglichen Partner und somit eine Vertrauensbasis zu entwickeln. Schließlich will man für den Verein eine sehr gute Leistung erreichen und dies geht nur in einer vertraulichen Zusammenarbeit.

Auf den Punkt

Der Preis darf nicht das alleinige Entscheidungskriterium sein.

Ein Beispiel aus der Vereinspraxis

Ein Verein hatte sich einen Partner für die Homepage-Pflege gesucht. Ein Ein-Mensch-Unternehmen. Das Angebot war günstig und die Zusammenarbeit lief sehr zufriedenstellend. Der Partner erkrankte aber schwer, die Betreuung der Homepage blieb liegen, die Zugangsdaten waren nicht verfügbar und die Internetseite des Vereins konnte damit nicht mehr aktualisiert werden.

5.6.3 Entwicklung der Zusammenarbeit

Für die Zusammenarbeit wird, wie schon angesprochen, ein Vertrag in Verbindung mit dem Leistungsverzeichnis geschlossen. Die finanzielle Belastung des Vereins ergibt sich aus der geschlossenen Vereinbarung.

Es ist zwar keine originäre Aufgabe des Schatzmeisters oder anderer Zuständiger für die Finanzen im Verein, die Arbeit des Outsourcing-Partners zu überwachen. Jedoch ist es wichtig, dafür zu sorgen, dass die Einhaltung der Abmachungen überprüft wird. Letztlich kann eine Minderleistung Auswirkungen auf den zu zahlenden Betrag haben. Genauso betrifft es die Vereinsfinanzen, wenn Zusatzleistungen abgestimmt werden müssen.

Auf den Punkt

Man kann als Verein auch darüber nachdenken, selbst als Anbieter von Dienstleistungen, für die eine Kompetenz vorhanden ist, aktiv zu werden. »Vereinsverwaltung« kann ein Angebot sein, wenn eine gut funktionierende Geschäftsstelle vorhanden ist.

6 Anhang

6.1 Anhang 1: Übersicht zu Einnahmen und Ausgaben in den Steuerbereichen der Gemeinnützigkeit

Gemeinnützige Vereine müssen bei den Einnahmen und Ausgaben vier Steuerbereiche (Sphären) beachten:

1. Ideeller Bereich
2. Vermögensverwaltung
3. Zweckbetrieb – Veranstaltungen oder sonstige Zweckbetriebe
4. Wirtschaftlicher Geschäftsbetrieb

Dabei müssen alle Einnahmen und die damit zusammenhängenden Aufwendungen den jeweiligen Tätigkeitsbereichen zugeordnet werden.

LANDESSPORTBUND BERLIN E.V. **Vereinsberatung Tel: 030 / 300 02-100**

Zuordnung von Einnahmen und Ausgaben in einem Verein

Einnahmen	Ausgaben
Ideeller Bereich	
Beiträge Aufnahmegebühren Umlagen Ersatzleistungen (z. B. für Arbeitsstunden) Spenden Schenkungen Erbschaften Fördermittel/Zuschüsse Sonstige Einnahmen	Sportgeräte Startgelder Wettkampfkosten Reise- und Aufenthaltskosten Wettkampfverpflegung Löhne/Gehälter Berufsgenossenschaft Honorare für Übungsleiter Auslagen und Aufwandsentschädigungen Kosten Arzt, Sanitäter usw. Verbandsbeiträge Betriebskosten für die Sportanlage Verwaltungskosten Versicherungen Vereinsjubiläen (keine gesell. Veranstaltungen) Kosten für Vereinszeitung (ohne Werbung) Renovierung/Instandhaltung Investitionen Schuldzinsen/Tilgungen Sonstige Ausgaben
Vermögensverwaltung	
Zinserträge/Dividenden Mieten/Pachten (langfristig) Vergabe v. Rechten (Werbung/Sponsoring) Umsatzsteuer	Neubauten/Reparaturen/Instandhaltungen Kontoführungsgebühren Vorsteuer Gezahlte Umsatzsteuer
Zweckbetrieb	
Eintrittsgelder Startgelder Sportkurse Meldegebühren Teilnehmerbeiträge für Sportreisen Steggebühren (Bootsliegeplätze) 2-mal Tombola im Jahr Umsatzsteuer Sonstige Einnahmen	Sportveranstaltungen Sportgeräte Übungsleiterhonorare (Kurse) Instandhaltungen/Reparaturen Verwaltungskosten Vorsteuer Gezahlte Umsatzsteuer Sonstige Ausgaben
Wirtschaftlicher Geschäftsbetrieb	
Kurzfristige Verpachtung/Vermietung Verkauf von Waren Gesellige Veranstaltungen Werbung/Sponsoring (in Eigenregie) Ab 3. Tombola im Jahr Umsatzsteuer Sonstige Einnahmen	Neubau/Anschaffungen/Reparaturen Wareneinkauf Saalmiete für gesellige Veranstaltungen Musik/Künstler usw. Ausschmückung Verwaltungskosten Vorsteuer Gezahlte Umsatzsteuer Körperschaftsteuer/Gewerbesteuer Sonstige Ausgaben

Abb. 26: Einnahmen und Ausgaben, aufgeschlüsselt nach den Steuerbereichen der Gemeinnützigkeit

6.2 Anhang 2: Kostenrechnung

6.2.1 Grundformen der Kostenrechnung

Mit Blick in die Fachliteratur können drei Formen der Kostenrechnung unterschieden werden:

- die **Vollkostenrechnung**, bei der alle Kosten über eine Kostenarten- und Kostenstellenrechnung oder direkt den Kostenträgern zugeordnet werden;
- die **Teilkostenrechnung**, bei der eine Unterscheidung nach fixen und variablen Kosten stattfindet und letztlich geschaut wird, was eine Vereinsleistung zur Erwirtschaftung der unabhängig vom Leistungsprozess bestehenden Fixkosten beiträgt;
- die **Prozesskostenrechnung** als sehr aufwendige Form, bei der die Stufen der Kostenentstehung einzeln betrachtet werden. Diese Form ist für normale Vereine nicht hilfreich.

Für Vereine sind nur die beiden erstgenannten Formen sinnvoll, wenn der Umfang des Vereinsbetriebs es erfordert. Außerdem beschränken wir uns hier auf die Kostenrechnung für den laufenden Betrieb des Vereins, also die Kosten, die tatsächlich anfallen (Ist-Kosten). Es ließen sich auch weitere Methoden einsetzen (Normal-, Plankosten), was aber hier zu weit führen würde.

Um die folgenden Punkte besser nachvollziehen zu können, hier einige Grundbegriffe der Kostenrechnung in Kurzform. Letztendlich geht es ja immer darum, die Kosten den Vereinsleistungen bzw. -angeboten zuzurechnen. Dazu werden die Kosten in verschiedene Kategorien eingeteilt.

- **Einzelkosten** können einer Vereinsleistung direkt zugerechnet werden, z. B. die Notenblätter der Bläsergruppe im Musikverein.
- **Fixe Kosten** sind Kosten, die unabhängig davon entstehen, wie viele Angebote der Verein macht. Die Geschäftsstelle zum Beispiel besteht unabhängig von der Zahl der Mitglieder und Vereinsangebote, natürlich nur solange die Finanzierung gelingt.
- **Gemeinkosten** sind nicht eindeutig einer Vereinsleistung oder einem Vereinsangebot zuzurechnen, da sie für mehrere Leistungen/Angebote gleichzeitig anfallen. Die Minijob-Kraft in der Geschäftsstelle kann letztlich für alle Aktivitäten im Verein im Einsatz sein. Insofern muss eine Verteilung nach einem passenden Schlüssel erfolgen. Die Gemeinkosten sind das Gegenstück zu den Einzelkosten.
- **Variable Kosten** entstehen nur durch den laufenden Vereinsbetrieb. Erst wenn eine Aktion durchgeführt wird, fallen diese Kosten auch an. Nur wenn der Sitzungsraum im Vereinsheim genutzt wird, werden u. U. Licht und Beamer benötigt und damit Strom verbraucht. Die variablen Kosten sind das Gegenstück zu den fixen Kosten.

6.2.2 Vollkostenrechnung im Überblick

Für die Steuerung und Kontrolle der Finanzen in einem Verein ist eine Vollkostenrechnung sehr hilfreich. Sie ermöglicht einen umfassenden Überblick durch eine Zuordnung zu Kostenarten, Kostenstellen und Kostenträgern. Die Klärung dieser Begriffe ergibt sich aus Abbildung 27.

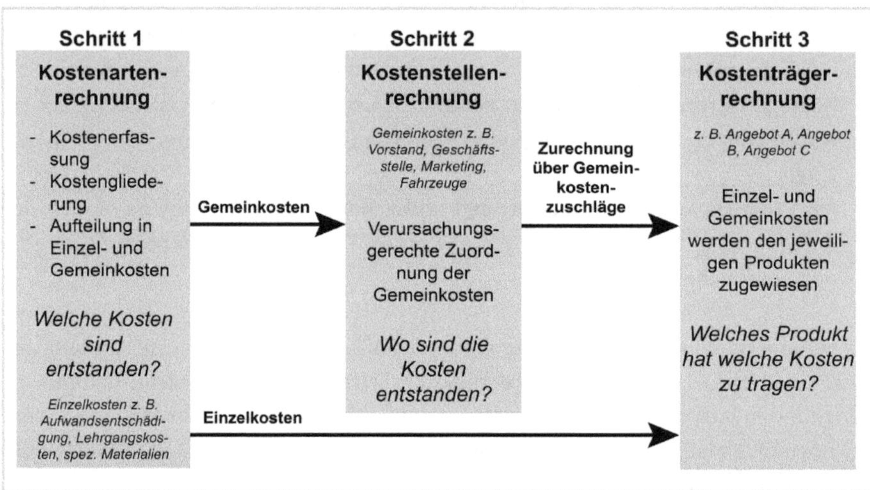

Abb. 27: Ablauf einer Vollkostenrechnung

Die Vollkostenrechnung ist für die Vereinsführung ein bewährtes Instrument, um Kosten zu erfassen und kostendeckende Entgelte zu kalkulieren. Allerdings hat die betrachtete Vollkostenrechnung nicht nur Vorteile, sondern auch Nachteile. Zusammenfassend bildet die Vollkostenrechnung die Kostenverursachung nicht immer realistisch ab, da die Gemeinkosten über einen Verrechnungsschlüssel verteilt werden. Zudem bietet sie keine Entscheidungsorientierung in Bezug auf z. B. eine differenzierte Beitragskalkulation und sie ist dann doch mit einem relativ großen Berechnungsaufwand verbunden.

6.2.2.1 Schritt 1: Kostenartenrechnung

Zunächst ist also zu klären, welche Kosten überhaupt angefallen sind. Für Vereine bietet sich die folgende Erfassung und Einteilung der Kosten an:

- **Personalkosten:** Löhne, Gehälter, Sozialleistungen, lohn-/gehaltsabhängige Abgaben, Honorare
- **Betriebsmittel:** Vereinsimmobilien, wenn vorhanden, mit Energieverbrauch
- **Materialkosten:** alle Kosten für Verbrauchsgüter, die im Rahmen der Vereinsarbeit verwendet werden

- **Dienstleistungskosten:** Beratungskosten, Verbandsabgaben, Steuern, Transport-/Reisekosten, Versicherungskosten, Fax-/Telefonkosten, Mieten, Pacht usw.
- **Gebühren, Abgaben:** Verband, Lizenzen, Meldegelder
- **Abschreibungen** (siehe auch Kapitel 3.1.3.2)

Es gibt auch immer Positionen, die keinen Geldabfluss verursachen, aber zu den Leistungen eines Vereins beitragen. Bei Unternehmen wird der »Unternehmerlohn« regelmäßig als Beispiel genannt. Bei Vereinen kommt in erster Linie das freiwillige Engagement bzw. Ehrenamt in Betracht, in vielen Vereinen ist es sogar die Grundlage der Vereinsangebote. Dabei ist es sinnvoll, zwei Perspektiven zu unterscheiden:

- Für die Innensicht der Kosten des Vereins ist es sinnvoll, auf die Berechnung für die Kosten der unbezahlten Arbeit zu verzichten. Sie verfälschen den Blick für die Analyse der Vereinskosten und können eine falsche Diskussionsrichtung provozieren.

Auf den Punkt

Der Wert der ehrenamtlichen Arbeit darf jedoch nicht unterschätzt werden. Wertschätzung funktioniert aber nicht über die Kostenrechnung.

- Für die Außendarstellung (Legitimationskapital) kann es hilfreich sein, den Einsatz der freiwillig Engagierten in Arbeitsstunden oder sogar in Geld zu beziffern, da eine Aussage mit Euro in der Wahrnehmung der Menschen eine größere Aufmerksamkeit erzielt.

Ein Beispiel aus der Vereinspraxis

Im Sportentwicklungsbericht 2017/2018 wurde die gesamte Wertschöpfung für freiwilliges bzw. ehrenamtliches Engagement bei der Vorstandsarbeit und Trainer:innen bzw. Übungsleiter:innen in deutschen Sportvereinen mit 4,3 Mrd. Euro für ein Jahr hochgerechnet. Der Stundensatz wurde mit 15 Euro angenommen (vgl. Breuer u. a. 2020, S. 37/38).

6.2.2.2 Schritt 2: Kostenstellenrechnung

In diesem Schritt geht es um einen Zwischenschritt für die angemessene Verteilung der erfassten Kosten. Dabei wird zwischen den schon eingeführten Einzel- und Gemeinkosten unterschieden. Während die Einzelkosten direkt einer Vereinsleistung (Kostenträger) zugeordnet werden können, ist dies bei den Gemeinkosten nicht möglich. Die Kostenpositionen z. B. für die Geschäftsstelle werden zunächst in dieser Kostenstelle gesammelt und anschließend mit einem Verteilungsschlüssel auf die Kostenträger umgelegt.

In Tabelle 29 sind einige Beispiele für typische Einzel- bzw. Gemeinkosten zusammengestellt. In Kapitel 3.3 (Kostenanalyse) findet sich eine vereinfachte Form der Kostenverteilung.

Einzelkosten	Gemeinkosten
• Aufwandsentschädigungen (z. B. für Abteilungs-, Übungsleiter:innen) • Lehrgangs-, Wettkampfkosten • spezifische Materialien, Ausrüstung, Kleidung • Fachverbandsbeiträge	• Vorstand (z. B. Aufwandsentschädigung, Reisekosten) • Personalkosten: Verwaltung • Vereinsfahrzeuge • Marketing und Öffentlichkeitsarbeit • Büromaterial, Porto, Internet • Versicherungen, Rechts- und Steuerberatung • Wartung, Pflege, Instandhaltung • Energie, Wasser/Abwasser

Tab. 29: Typische Einzel- und Gemeinkosten im Verein

Auf den Punkt

Wegen der zentralen Rolle bei der Entstehung der Kosten muss für jede Kostenstelle eine Verantwortliche bzw. ein Verantwortlicher benannt sein.

Die Kostenstellenrechnung kann in Form eines Kontos oder einer Tabelle durchgeführt werden. Die Verteilung der Kosten erfolgt mithilfe eines Vereinsabrechnungsbogens (VAB). Die Vorteile sind Übersichtlichkeit und Flexibilität. Dazu werden die Kostenarten (zeilenweise) – mit den Zahlen der Buchhaltung – und die Kostenstellen (spaltenweise), wie in Tabelle 28, übertragen.

Dabei wird gleichzeitig eine Unterteilung in Haupt- und Hilfskostenstellen vorgenommen. Bei einer Hauptkostenstelle handelt es sich konkret um alle Vereinsleistungen, die direkt mit dem Vereinszweck und dem Angebot in Verbindung stehen. Die Hilfskostenstellen umfassen organisatorische Bereiche, die keine direkte Vereinsleistung erstellen, sondern innerhalb des Vereins unterstützende Leistungen erbringen. Sie sammeln Gemeinkosten und indirekte Kosten, die den nachfolgenden Kostenstellen verursachungsgerecht zugeordnet werden. Diese Verrechnung auf die einzelnen Kostenstellen erfolgt auch hier in der Regel mithilfe von Verteilungsschlüsseln. Durch diese transparente Zuordnung kann der Verein die tatsächliche Kostenstruktur besser verstehen und analysieren.

Da sowohl Mitglieder- als auch Nichtmitgliederzahlen für einige Kosten als Verteilungsschlüssel dienen können, ist es auf alle Fälle sinnvoll, auch diese in den VAB einzutragen.

DIGITALE EXTRAS

VAB	Zahlen der Buchhaltung	Verteilungs-grundlage*	Kostenstellen							
			Hilfskostenstellen				**Hauptkostenstellen**			
			Vorstand	Verwaltung	Sport-anlage	…	Turnen	Gesund-heitssport	Vereins-gaststätte	…
Mitglieder										
Nichtmitglieder										
Einzelkosten										
…										
…										
…										
Summe										
Gemeinkosten										
…										
…										
…										
Summe										

VAB	Zahlen der Buchhaltung	Verteilungs-grundlage*	Kostenstellen							
			Hilfskostenstellen				**Hauptkostenstellen**			
			Vorstand	Verwaltung	Sport-anlage	…	Turnen	Gesund-heitssport	Vereins-gaststätte	…
Interne Leistungsverrechnung										
Umlage …										
Umlage …										
Summe Gemein-kosten										
Summe Einzel-kosten										
Gesamtkosten										

* z. B. Belege, Verhältniszahlen, Prozentsatz, Verbrauch

Tab. 30: Beispielvorlage Vereinsabrechnungsbogen

Das folgende Praxisbeispiel enthält einen ausgefüllten VAB für einen Sportverein.

		A	B	C	D	E	F	G	H	I	J	K	L	M	N
Vereinsabrechnungsbogen des TuS Mittelstadt1923 e.V.				Hilfskostenstellen				Hauptkostenstellen							
		Zahlender Buchhaltung	Verteilungsschlüssel	Vorstand	Verwaltung	Clubhaus	Sportanlage	Turnen	Rhythmische Sportgymnastik	Volleyball	Basketball	Freizeit-und Breitensport	Gesundheitssport	Fitness-Studio Sauna&Solarium	Vereinsgaststätte
1	Mitglieder	1000						150	150	200	200	150	50	100	
2	Nichtmitglieder	800											450	350	
3	**Einzelkosten**														
4	Fachverbandsbeiträge	12.700	nach Beleg					1.905	1.905	2.540	2.540	1.905	635	1.270	
5	Aufwandsentsch. Abt.-Ltr.	4.000	nach Beleg					650	650	650	650	650	250	500	
6	ÜL-/Tr./GH-Vergütungen	251.600	nach Beleg					12.000	46.000	35.000	32.600	14.400	38.800	72.800	
7	Wettkampfkosten	11.500	nach Beleg					2.500	3.000	3.000	3.000				
8	Sportgeräte	4.000	nach Beleg					700	500	500	500	600	200	1.000	
9	Spieler/innen-Kleidung	8.550	nach Beleg					1.050	1.500	3.200	2.800				
10	Lehrgangskosten	1.800	nach Beleg					240	240	300	300	360	240	120	
11	Konzession/Geb. Gaststätte	1.200	nach Beleg												1.200
12	Personalkosten Gaststätte	6.200	nach Beleg												6.200
13	Wareneinkauf Gaststätte	8.000	nach Beleg												8.000
14	KSt/GewSt	3.600	nach Beleg												3.600
15	**Summe Einzelkosten**	**313.150**						**19.045**	**53.795**	**45.190**	**42.390**	**17.915**	**40.125**	**75.690**	**19.000**
16	**Gemeinkosten**														
17	Aufwandsentsch. Vorstand	7.200	nach Beleg	7.200											
18	Reisekosten Vorstand	5.400	nach Beleg	5.400											
19	Personalkosten Verwaltung	51.000	nach Beleg		51.000										
20	Büromat./Kopien/Druckkosten	7.500	nach Beleg		2.500			500	700	900	900	500	500	1.000	
21	Porto/Telefon/Fax/Internet	3.000	nach Beleg		3.000										
22	Kfz-Kosten Vereinsbus	4.500	nach Beleg		4.500										
23	Sporthilfe/VBG/GEMA,NMV	2.030	Beleg/Mitgl.		230			270	270	360	360	270	90	180	
24	Pacht Clubhaus	18.000	nach Beleg			18.000									
25	Energie und Wasser	5.700	nach Beleg			1.200	4.500								
26	Weitere Nebenkosten	3.470	nach Beleg			840	2.630								
27	Darlehenszinsen Sportanlage	12.000	nach Beleg				12.000								
28	Abschreibung Sportanlage	10.000	nach Beleg				10.000								
29	Wartung und Pflege	34.800	nach m^2			6.960	27.840								
30	Instandhaltung	4.000	nach Beleg			1.000	3.000								
31	**Summe**	**168.600**		**12.600**	**61.230**	**28.000**	**59.970**	**770**	**970**	**1.260**	**1.260**	**770**	**590**	**1.180**	**0**
32	**interne Leistungsverrechnung**														
33	Umlage Clubhaus	28.000	nach m^2		11.200										16.800
34	Umlage Sportanlage	59.970	Mitgl./m^2					3.135	3.135	4.180	4.180	3.135	10.455	31.750	
35	Summe Gemeinkosten	168.600		12.600	72.430			3.905	4.105	5.440	5.440	3.905	11.045	32.930	16.800
36	Summe Einzelkosten	313.150						19.045	53.795	45.190	42.390	17.915	40.125	75.690	19.000
37	**Gesamtkosten**	**481.750**		**12.600**	**72.430**			**22.950**	**57.900**	**50.630**	**47.830**	**21.820**	**51.170**	**108.620**	**35.800**

Abb. 28: Beispiel Vereinsabrechnungsbogen (Quelle: https://lsv-sh.vibss.de/fileadmin/schleswig-holstein/LSV_IP_Kostenrechnung_und_Beitragsgestaltung_im_Sportverein_2013-01-30.pdf; 22.02.2024)

6.2.2.3 Schritt 3: Kostenträgerrechnung

Ziel der Kostenträgerrechnung ist im Grunde die Zuordnung der Einzel- und Gemeinkosten zu den einzelnen Leistungen bzw. Angeboten des Vereins. Dazu zählen zum Beispiel Angebote für Mitgliedergruppen, Kurse und Veranstaltungen. Letztendlich handelt es sich um Aktivitäten des Vereins, für die der Verein Geld erhält. Seien es Beiträge von Mitgliedern, Kursgebühren von Nichtmitgliedern oder Zuwendungen aus öffentlichen Kassen oder Stiftungen. Auf diesem Wege muss letztendlich die Kostendeckung erzielt werden.

Mit der Kostenträgerrechnung ist die Vollkostenrechnung abgeschlossen. Eine andere Form der Kostenzuordnung erfolgt durch die Teilkostenrechnung, die im folgenden Abschnitt als Deckungsbeitragsrechnung dargestellt wird.

6.2.3 Kurzer Einblick in die einstufige Deckungsbeitragsrechnung

Nicht nur für den Gesamtverein, sondern vor allem für die Ermittlung des kurzfristigen Erfolgs einzelner Vereinsangebote und zur Unterstützung von Entscheidungen ist die Deckungsbeitragsrechnung gut geeignet. Die Berechnung des Deckungsbeitrags hilft dem Verein festzustellen, ob ein Vereinsangebot lohnend ist oder ob es aus Sicht des Geldes besser gestrichen werden sollte. Es lassen sich auch die Mitgliedsbeiträge für verschiedene Angebote bestimmen und Mindestteilnehmerzahlen ermitteln, ab wann ein Vereinsangebot kostendeckend ist.

Auf den Punkt

Die Deckungsbeitragsrechnung kann bei einer realistischen Beitragsbemessung helfen.

Die Grundform der Deckungsbeitragsrechnung sieht folgendermaßen aus:

Erlöse für Angebot A	Einnahmen aus einer Periode z. B. aus einem Wirtschaftsjahr für das Vereinsangebot A, z. B. Beiträge einer Vereinsgruppe
– variable Kosten Angebot A	z. B. Arbeitsmaterial, Honorar (Einsatzstunden), ggf. Fahrtkosten
= Deckungsbeitrag	Geldmenge, die übrig bleibt, um damit einen Anteil der Fixkosten des Gesamtvereins zu decken

Tab. 31: Grundformen der Deckungsbeitragsrechnung

Fixe und variable Kosten hatten wir ja schon zu Beginn des Kapitels erklärt. Werden nun die Deckungsbeiträge aller Vereinsangebote addiert und den fixen Kosten des Vereins gegenübergestellt, sollte sich ein ausgeglichenes Ergebnis oder sogar ein Überschuss ergeben. Siehe dazu das folgende Praxisbeispiel, wobei im Ergebnis eine Unterdeckung für das Wirtschaftsjahr besteht.

Pro Jahr	Vereinsangebot (Teilnehmerzahl)		
	Angebot 1 (10 TN)	Angebot 2 (25 TN)	Angebot 3 (35 TN)
(Umsatz-)Erlöse	4.000 €	14.000 €	16.000 €
- variable Kosten	6.000 €	12.000 €	10.000 €
= Deckungsbeitrag	−2.000 €	2.000 €	6.000 €
- fixe Kosten			−8.000 €
= (Vereins-)Ergebnis			**−2.000 €**

Tab. 32: Ermittlung Kostendeckung

Fällt das Ergebnis negativ aus, muss der Vereinsvorstand überlegen, ob Angebot 1 gestrichen werden soll. Da aber Vereine nicht primär gewinnorientiert, sondern sachzielorientiert arbeiten, sollten Möglichkeiten geprüft werden, das Angebot trotzdem aufrechtzuerhalten. Vielleicht können andere Vereinsangebote die finanzielle Situation ausgleichen. Auch Maßnahmen wie eine Preiserhöhung oder eine Reduzierung des Ressourceneinsatzes für Angebot 1 sind zu überlegen.

Durch eine mehrstufige Deckungsbeitragsrechnung kann die Betrachtung noch verfeinert werden. Dabei werden die Fixkosten noch einmal in verschiedene Blöcke unterteilt und nicht als Gesamtblock behandelt. Dies ist für die meisten Vereine jedoch nicht erforderlich.

6.2.3.1 Kostenrechnung und Vereinszukunft

Egal wie eine Kostenbetrachtung erfolgt, bei der Bewertung sind einige Fragen im Blick zu behalten, um möglichst keiner Fehleinschätzung zu unterliegen:

- Gab es im vergangenen Jahr Sondereffekte bei den Erlösen oder Kosten und wie wirken sie sich künftig aus?
- Gibt es Kostenpositionen, die sich aus Gründen der Marktentwicklung deutlich verändern (z. B. Energiekosten, Versicherungsprämien)?
- Gibt es im Zusammenhang mit dem Einsatz freiwilliger Mitarbeiter:innen Anlass zu der Annahme, dass der Verein in Zukunft öfter mit honorierten oder angestellten Kräften arbeiten muss?
- Stehen gesetzliche Änderungen an (zum Beispiel bei Gemeinnützigkeit, Mehrwertsteuer, Sicherheit technischer Anlagen), die deutliche Kostenwirkungen haben?

Auf den Punkt

Zukunftsorientierte Vereinsarbeit bedeutet auch, die Kostenentwicklung für die folgende Zeit zu beobachten und vorzubauen, um wirtschaftlich auf der sicheren Seite zu sein.

Die angesprochenen Aspekte müssen mit ihren Folgen für den Verein bewertet und die Weichen in der Vereinsarbeit entsprechend frühzeitig gestellt werden.

6.3 Anhang 3: Balanced Scorecard

Die Balanced Scorecard (BSC) wird seit den 1990er-Jahren im Unternehmensbereich erfolgreich verwendet. Mittlerweile gibt es auch Anwendungen im Nonprofit- und Vereinsbereich. »Balanced Scorecard« kann mit »ausgewogener Berichtsbogen« übersetzt werden. Er beruht auf einer übersichtlichen Menge von Kennzahlen, bei denen die finanzielle Seite eine zentrale Rolle spielt. Sie wird jedoch mit weiteren wichtigen Komponenten der Entwicklung einer Organisation in Verbindung gebracht (Abbildung 29).

Auf den Punkt

Die Balanced Scorecard ist eine einfache und übersichtliche Darstellung zur Planung und Strategieumsetzung, die nur für die Strategie relevante Kennzahlen verwendet.

Für den Einsatz einer BSC in Vereinen sprechen fünf Gründe:

1. Sie unterstützt bei der Klarheit der strategischen Ausrichtung des Vereins.
   Die Auseinandersetzung mit einer BSC gibt Orientierung bei der Ausarbeitung der Vereinsstrategie und bietet gute Ansatzpunkte für konstruktive Diskussionen um die Vereinszukunft.
2. Die BSC gibt einen schnellen Überblick über die strategische Aufstellung des Vereins.
   Wenn eine entsprechende Grafik zu einer BSC erstellt wird, können damit die zentralen Stellgrößen der Vereinsarbeit im Rahmen von Diskussionen in der Vereinsführung, für neue Mitarbeiter:innen oder auch Externe gut verdeutlicht werden.
3. Eine BSC unterstützt die Entscheidungsfindung im Verein.
   Sie gibt schnell Hilfestellung für zu treffende Entscheidungen, weil Ziele und Messgrößen offenliegen und damit als Orientierungspunkt genutzt werden können.
4. Eine BSC unterstützt das Risikomanagement.
   Durch die Erarbeitung der grundlegenden Ziele des Vereins und die Verbindung mit Messgrößen gibt es eine deutliche Übersicht zur Entwicklung des Vereins. Bei guter Umsetzung werden damit frühzeitig Tendenzen erkennbar, die im Hinblick auf die Wirkung für den Verein geprüft werden können.
5. Eine BSC ist ein Signal für professionelle Vereinsarbeit.
   Da das Instrument BSC auch in der Wirtschaft bekannt ist, ist dessen Einsatz ein positives Signal hinsichtlich der Qualität des Vereinsmanagements. Dies kann bei der Auswahl eines Partners aus Sicht eines Unternehmens ein gutes Argument sein.

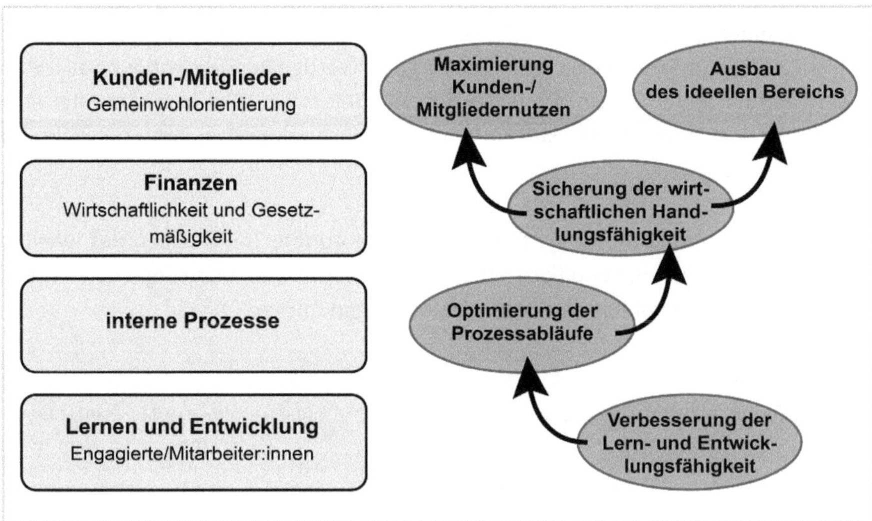

Abb. 29: Ursache-Wirkungs-Zusammenhänge der BSC für eine Nonprofit-Organisation (Quelle: Lange & Lampe 2002, leicht modifiziert) (Grafik: Wach)

Die vier grundlegenden Handlungsebenen sind aus der Abbildung 29 zu erkennen. Es wird deutlich, dass die finanziellen Belange deutlich mit den anderen drei Ebenen verzahnt ist. Die Ausrichtung der vier Ebenen ist wiederum eng mit der Vision und Strategie des Vereins verbunden (Abbildung 30).

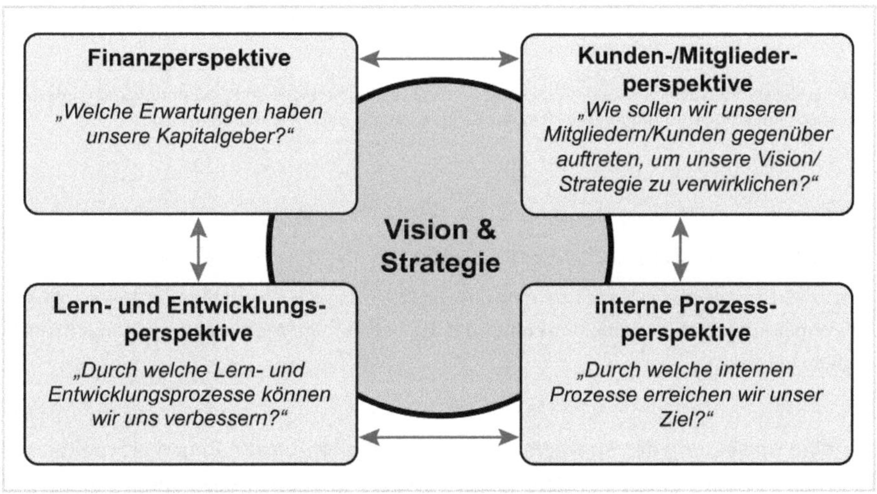

Abb. 30: Die vier Perspektiven der Balanced Scorecard (Grafik: Wach)

Die BSC übersetzt somit die Vision und Strategie in konkrete, bearbeitbare Maßnahmen und macht gleichzeitig den Erfolg durch die Aufstellung von relevanten Zielen messbar. Dabei muss beachtet werden, dass jedes strategische Ziel mit einer Kennzahl verbunden ist. Um nur die wirklich relevanten Inhalte abzubilden, sollte sich eine BSC auf 20 Ziele (maximal) beschränken. Die gleichwertige Berücksichtigung aller Perspektiven führt somit zu einem ausgewogenen Zielsystem. Diesen Zielen folgt eine Zuordnung von Messgrößen, Ist- und Soll-Werten, durch die sie kontrollierbar und steuerbar werden.

Ausgehend von Abbildung 29 wird für das übergeordnete Ziel »Ausbau des ideellen Bereichs und Gewinnung und Förderung von Ehrenamtlichen und Mitgliedern« die in Tabelle 33 konkrete Abbildung in Messgrößen vorgenommen.

<table>
<tr><th colspan="6">Ideeller Bereich</th></tr>
<tr><th>Strategische Ziele</th><th>Messgrößen</th><th>Ziel</th><th>Einheit</th><th>Ist-Wert 2024</th><th>Plan-Wert 2025</th></tr>
<tr><td rowspan="5">• Ausbau des ideellen Bereichs
• Gewinnung und Förderung von ehrenamtlichen Mitarbeiter:innen und Mitgliedern</td><td>Fluktuation ehrenamtlicher Mitarbeiter:innen</td><td>senken</td><td>Anzahl</td><td></td><td></td></tr>
<tr><td>durchschnittliche Anzahl von ehrenamtlich geleisteten Stunden</td><td>halten</td><td>Stunden</td><td></td><td></td></tr>
<tr><td>neue Fördermitglieder</td><td>steigern</td><td>Anzahl</td><td></td><td></td></tr>
<tr><td>Verhältnis Fördermitglieder zu Einwohner:innen</td><td>steigern</td><td></td><td></td><td></td></tr>
<tr><td>Medienveröffentlichungen</td><td>halten</td><td>Anzahl</td><td></td><td></td></tr>
</table>

Tab. 33: Messgrößen-Beispiel für das Ziel »Ausbau des ideellen Bereichs und Gewinnung und Förderung von Ehrenamtlichen und Mitgliedern« (Quelle: Lange & Lampe 2002, leicht modifiziert)

Tipp

Die Ziele müssen auf alle vier Perspektiven aus Abbildung 30 gleichmäßig verteilt sein.

Setzen Sie Fachleute für die Erarbeitung und die Erhebung der Kennzahlen ein. Diese sollten die entsprechenden Instrumente kennen und das notwendige Wissen im Umgang mit Kennzahlen haben.

Für eine Umsetzung der Strategie werden anschließend Maßnahmen erarbeitet, um die Ziele zu erreichen. Da die Ziele in einer Ursache-Wirkungs-Beziehung stehen, wird die Verbindung der Ziele in Form einer »strategischen Landkarte« dargestellt. Siehe dazu das Beispiel in Abbildung 31, das für einen Kreissportbund entwickelt wurde. Ein Kreissportbund ist eine Dachorganisation für die Turn- und Sportvereine in einer Kommune.

Es ist deutlich erkennbar, dass hinter den einzelnen Zielen zum Teil spezielle Erhebungsmethoden liegen, die zusammen erarbeitet wurden. Die Linien zwischen den Zielen stellen die Verknüpfungen der »strategischen Landkarte« dar. Ebenso zeigt das Beispiel, dass sinnvolle Gestaltungsmöglichkeiten für den Aufbau einer Balanced Scorecard möglich sind, wie z. B. die Einbindung von finanziellen Größen auf unterschiedlichen Ebenen.

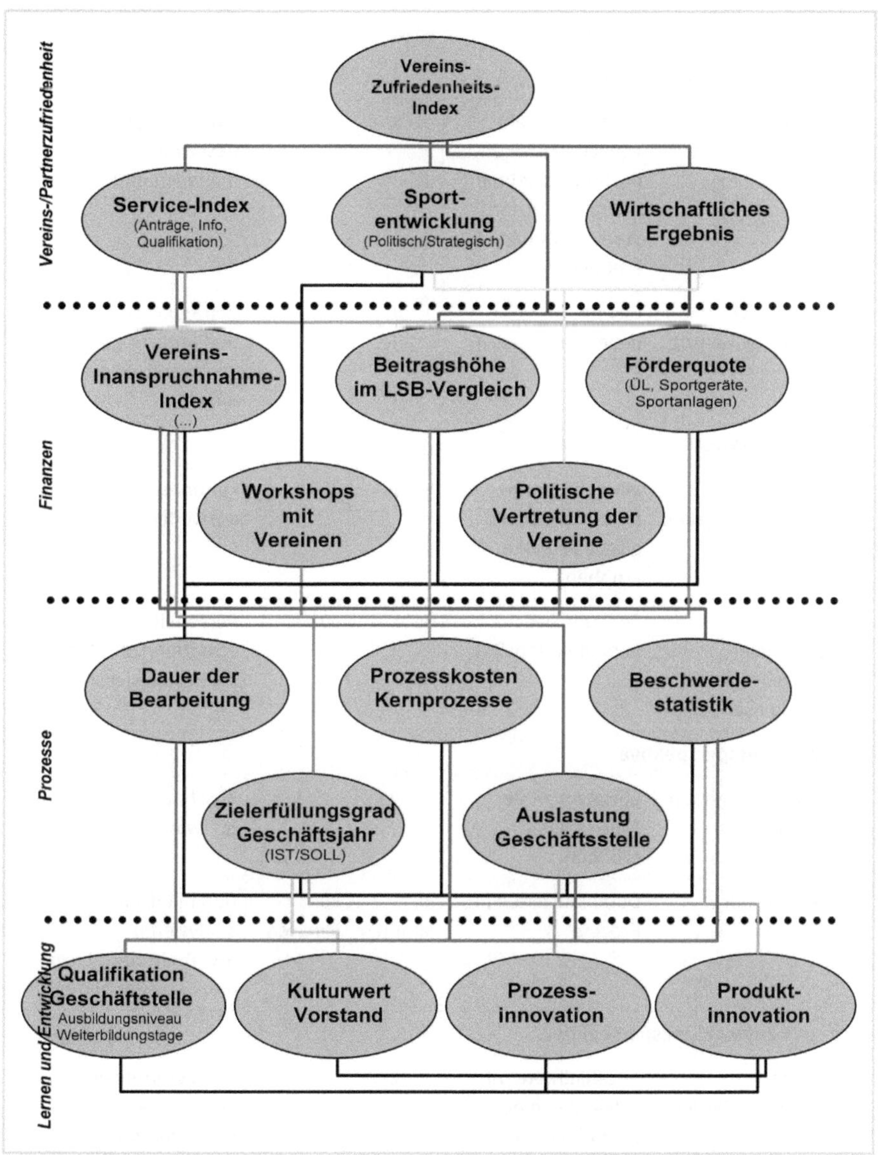

Abb. 31: Balanced Scorecard für einen Kreissportbund (Quelle: Wadsack & Roberg 2005, 17)

Zur Festlegung geeigneter Messgrößen, Zielvorgaben und Maßnahmen für einen Verein sollten Kennzahlen identifiziert werden, die maßgeblichen Einfluss auf die strategischen Entwicklungen haben. Zudem sollte die Anzahl der Kennzahlen auf ein Minimum von elementaren Größen beschränkt werden. Außerdem bietet es sich an, bei der Auswahl das Verhältnis des Nutzens zum Aufwand der Erhebung im Blick zu haben.

Ziel	Kennzahl	Ist-Wert	Soll-Wert	Maßnahme
Kunden-/Mitgliederperspektive				
Integration in den Verein erhöhen	jährliche Anzahl von Mitgliedern, die mind. zweimal monatlich in den Verein kommen, erhöhen	1	6	Einführung eines Beschwerde-managements
Verstärkung der Mitgliederorientierung	Gewinnung von neuen Mitgliedern	10	20	Befragung zu Wünschen und Anregungen zur Verbesserung des Angebots
Finanzperspektive				
Finanzmittel für pädagogische Projekte erhöhen	jährliche Finanzmittel für pädagogische Projekte erhöhen	500 €	750 €	Fundraisingmaßnahmen ausweiten
Sicherung der wirtschaftlichen Handlungsfähigkeit durch Kostensenkung	Senkung der Personalintensität	95 %	90 %	Personalbedarfsermittlung und Arbeitszeitflexibilisierung
Interne Prozessperspektive				
internes Ablagesystem optimieren	Einsatz digitaler Arbeitsplätze erhöhen	0	1	Anschaffung Hard- und Software
Optimierung der Abläufe	Durchlaufzeiten pro Prozess	45 Minuten	30 Minuten	Durchlaufzeiten analysieren (Bearbeitungs-, Liege- und Transportzeiten)
Lern- und Entwicklungsperspektive				
Ehrenamts-management erhöhen	Anzahl Ehrenamtlicher, die mind. einmal monatlich tätig sind, erhöhen	2	4	Verbesserung der Kommunikation und Koordination

Ziel	Kennzahl	Ist-Wert	Soll-Wert	Maßnahme
Mitarbeiterzufriedenheit erhöhen	jährliche Mitarbeiterbefragung zur Work-Life-Balance (1=niedrig, 10=hoch)	4	7	Flexibilisierung von Zeit und Ort der Leistungserbringung

Tab. 34: Beispielhafte Darstellung von Zielen in Verbindung mit Kennzahlen, Ist- und Soll-Werten und Maßnahmen

Auf den Punkt

Wichtig bei der Entwicklung der Messgrößen ist, dass damit nicht die Bürokratie im Verein in neue Höhen getrieben wird, z. B. durch Aufzeichnungspflichten für bestimmte Aktivitäten oder andere sonst nicht erforderliche Aktivitäten.

Die BSC wird in einem Prozess erarbeitet. Der Ablauf orientiert sich am 5-Phasen Modell von Horváth&Partners. Der eigentliche Schritt einer BSC-Erstellung (Schritt 3) baut auf vorherigen Schritten auf. Die Schritte 4 und 5 weiten den Prozess für alle Arbeitsbereiche des Vereins aus und legen die Art und Weise der Weiterführung fest. Deshalb empfiehlt es sich, alle Arbeitsschritte auszuführen.

Schritt 1	Organisatorischen Rahmen schaffen	• Geschäftseinheit festlegen • BSC-Team festlegen • Unterstützung durch Vorstand prüfen • Mitarbeiter über BSC informieren • Partizipationsmöglichkeiten abschätzen • Projektablauf festlegen • Projektplan erstellen • Begrifflichkeiten standardisieren • Methoden und Perspektiven wählen • kritische Erfolgsfaktoren berücksichtigen
Schritt 2	Strategische Voraussetzungen abklären	• Strategie und Vision abklären/entwickeln • Strategie-Check (einheitliches Verständnis)
Schritt 3	**Entwicklung der BSC**	1. Vision entwickeln 2. Strategie definieren und formulieren 3. Perspektiven, Ziele und Kennzahlen ermitteln 4. Ursache-Wirkungszusammenhänge bestimmen 5. BSC erstellen und auswerten 6. Maßnahmenpläne erstellen 7. BSC weiterentwickeln

Schritt 4	Gesamte Organisation strategieorientiert ausrichten	• festlegen, ob eigene BSCs für eigenständige Unterbereiche sinnvoll sind • Abstimmung mit Leitbild
Schritt 5	Kontinuierlichen BSC-Einsatz sicherstellen	• Implementierung der BSC-Ziele und Maßnahmen im Vereinsalltag • jährliche strategische Überprüfung/Planung festlegen • Zielvereinbarungsgespräche mit BSC verbinden

Tab. 35: Phasen zur Einführung einer Balanced Scorecard (in Anlehnung an Horvath&Partners, 2007, S. 73–84)

Der gesamte Prozessverlauf kann sich über einen Zeitraum von wenigen Wochen bis zu mehreren Monaten hinziehen.

Bei der Nutzung muss aber beachtet werden, dass

- die Aussagekraft von der Qualität und Korrektheit der Kennzahlen und der erhobenen Werte abhängt.
- die Zahlen zwar klar aussehen, aber immer noch einmal im Hinblick auf ihre Aussage genauer betrachtet werden müssen.
- die Entwicklung und Datenbeschaffung für die BSC einen zusätzlichen Arbeitsaufwand für die Mitarbeiter:innen im Verein bedeutet.

6.4 Anhang 4: Beispiel Stellenausschreibung Schatzmeister:in

Freunde der KonzertGut Gesellschaft e. V.

STELLENAUSSCHREIBUNG SCHATZMEISTER*IN

Die Freunde der KonzertGut Gesellschaft wurden im Jahr 2020 gegründet. Der Verein verfolgt ausschließlich gemeinnützige Zwecke. Aufgabe des Vereins ist es, junge, auch internationale Musiker*innen und Ensembles zu fördern durch Auftrittsmöglichkeiten. So stehen auch besondere Projekte im Vordergrund wie „Artist in Residence", „Next Generation", „Blind Date", „Women Composers" und Schulworkshops, die der Öffentlichkeit zugänglich sind. Die Konzerte sind auf einem hohen musikalischen Niveau und von herausragender Qualität.

Der Verein sucht zum nächstmöglichen Zeitpunkt einen Braunschweiger Bürger oder eine Braunschweiger Bürgerin, der/ die das Amt des Schatzmeisters ehrenamtlich mit einer monatlichen Aufwandsentschädigung von 100 Euro übernimmt.

Hauptaufgaben:

Die Aufgaben umfassen in Zusammenarbeit mit dem ersten Vorsitzenden und anderen Vorstandsmitgliedern folgende Tätigkeiten:

- die Verwaltung des Vereinsvermögens
- die Verwendung der Vereinsmittel
- die Aufstellung eines Kosten- und Finanzierungsplans, Abschluss der Kostenaufstellung und Tätigkeitsbericht
- Abwicklung des Zahlungsverk ehrs mit dem 1. Vorsitzenden
- Berichte über die Finanzlage
- Einnahmen- und Ausgabenverwaltung
- Verantwortung für die Buchführung

Nebenaufgaben

- Überwachung der vertraglichen Vereinbarungen mit Künstler*innen einschließlich der finanziellen Leistungen
- Verwaltung und Aufbewahrung der Finanzunterlagen
- Zahlung von Aufwandsentschädigungen (künstl. Leiter/ Schatzmeister)
- Ausstellung von Spendenbescheinigungen

Internet www.konzertgut.de | **E-Mail** info@konzertxx.de
Vereinsregister Amtsgericht Braunschweig VR X | **Steuer-Nr.** 14/000 0000
Bankverbindung Musterbank IBAN DE30 3000 0000 0000 6116 81 | BIC DAEDEDXX
Vertretungsberechtigter Vorstand Peter Mustermann (Vorsitzender), Karin Musterfrau (stellv. Vorsitzende)

- 2 -

Zeitlicher Umfang:

- ca. 8 Stunden monatlich
- auf unbestimmte Dauer (Wahlperiode von Vorstandsmitgliedern 5 Jahre)

Erwünschte Kompetenzen und Fähigkeiten:

- Erfahrung in der Buchführung und im Rechnungswesen
- Zuverlässigkeit
- Interesse an gemeinnütziger Vereinsarbeit
- Kontaktfreude

Mehrwert der Übernahme des Amtes:

- Beitrag zum bürgerschaftlichen Engagement in Braunschweig und Wolfenbüttel
- Einstieg in die Vereinsarbeit
- Entwickeln neuer Kompetenzen
- interessante Begegnungen und Kontakte

Weitere Hinweise:

- Musiksachverstand ist kein ausschlaggebendes Kriterium für die Übernahme des Amtes, Interesse an der Musik sollte vorhanden sein.
- Haftung: Ehrenamtliche Vorstandsmitglieder haften nur dann, wenn ihnen grobe Fahrlässigkeit oder Vorsatz unterstellt werden kann.

Nähere Informationen zum Verein finden Sie unter:
https://www.freunde-der-konzertgut-gesellschaft.de/

Haben wir Ihr Interesse geweckt?

Bitte wenden Sie sich an:

Peter Mustermann, 1. Vorsitzender
Hauptstraße 119
38000 Braunschweig
Tel.: 0531 – 000000
E-Mail: vorsitzender@konzertxx.de

Internet www.konz ertgut.de | E-Mail info@konzertxx.de
Vereinsregister Amtsgericht Braunschweig VR X | Steuer-Nr. 14/000 0000
Bankverbindung Musterbank IBAN DE30 3000 0000 0000 6116 81 | BIC DAEDEDXX
Vertretungsberechtigter Vorstand Peter Mustermann (Vorsitzender), Karin Musterfrau (stellv. Vorsitzende)

7 Literatur

Burkhardt, Luise; Priller, Eckhard & Alscher, Mareike (2021): Zivilgesellschaftliche Organisationen als Infrastruktur des Zivilengagements. https://www.bpb.de/kurz-knapp/zahlen-und-fakten/datenreport-2021/politische-und-gesellschaftliche-partizipation/330247/zivilgesellschaftliche-organisationen-als-infrastruktur-des-zivilengagements/ (letzter Zugriff: 28.03.2024).

Bielzer, Louise & Wadsack, Ronald (2011): Betriebswirtschaftliche Herausforderungen des Managements von Sport- und Veranstaltungsimmobilien. In: Louise Bielzer & Ronald Wadsack (Hrsg.): Betrieb von Sport- und Veranstaltungsimmobilien. Frankfurt a. M.: Peter Lang, S. 53–127.

Breuer, Christoph; Feiler, Svenja & Rossi, Lea (2020): Sportvereine in Deutschland: Mehr als nur Bewegung. Bonn: BISp. https://www.bisp.de/SharedDocs/Downloads/Publikationen/Publikationssuche_SEB/SEB_2017_2018_ExecutiveSummary.pdf;jsessionid=D32FD2F1675196CE34B5D5E2B8A7A847.internet981?__blob=publicationFile&v=4; 20.02.2024

Burens, Peter Claus (1995): Die Kunst des Bettelns. München: C. H. Beck.

Coenenberg, Adolf G.; Fischer, Thomas M.; Günther, Thomas & Brühl, Rolf (2024): Kostenrechnung und Kostenanalyse, 10. Aufl. Stuttgart: Schäffer-Poeschel.

Corcoran, Bianca; Consumer Panel Germany GfK GmbH im Auftrag des Deutschen Spendenrats (2023): Trends und Prognosen – Spendenzwecke nach Selbsteinschätzung der Spender, S. 20. https://www.spendenrat.de/wp-content/uploads/Downloads/Trends-und-Prognosen/spendenjahr-2023-trends-prognosen-deutscher-spendenrat.pdf (letzter Zugriff: 23.02.2024).

Daumann, Frank & Esipovich, Lev (2016): Kostenrechnung für Sportvereine – Grundlagen, Methoden und Fallbeispiele. Konstanz/München: UVK.

Diakonisches Werk der EKD (Hrsg.) (1993): Leitfaden zur wirtschaftlichen Führung diakonischer Einrichtungen und Werke, 2. Aufl. Stuttgart: Verlagswerk der Diakonie im Diakonischen Werk.

Fabisch, Nicole (2013): Fundraising, 3. Aufl. München: dtv.

Fahrner, Marcel (2014): Grundlagen des Sportmanagements, 2., akt. Aufl., München: Oldenbourg.

Geckle, Gerhard (Hrsg.): Der Verein, Loseblatt-Sammlung. Freiburg: Haufe-Lexware.

Heinemann, Klaus (1995): Einführung in die Ökonomie des Sports – Ein Handbuch. Beiträge zur Lehre und Forschung im Sport. Band 107. Schorndorf: Hofmann.

Horvath & Partners (Hrsg.) (2007): Balanced Scorecard umsetzen, 4. Aufl. Stuttgart: Schäffer Poeschel, S. 73–84.

Karnick, Nora; Simonson, Julia & Hagen, Christine (2021): Organisationsformen und Leitungsfunktionen im freiwilligen Engagement. – In: Julia Simonson, Nadiya Kelle, Corinna Kausmann & Clemens Tesch-Römer (Hrsg.): Freiwilliges Engagement in Deutschland. Der Deutsche Freiwilligensurvey 2019. Berlin. Deutsches Zentrum für

Altersfragen, S. 159–176. https://www.dza.de/fileadmin/dza/Dokumente/Forschung/Publikationen%20Forschung/Freiwilliges_Engagement_in_Deutschland_-_der_Deutsche_Freiwilligensurvey_2019.pdf (letzter Zugriff: 17.12.2022).

Lange, Wilfried & Lampe, Stefanie (2002): Die Balanced Scorecard als ganzheitliches Führungsinstrument in Nonprofit-Organisationen, in: Kostenrechnungspraxis 2/2002, S. 101–108.

Schlebusch, Detlef W.; Volz, Norbert & Hucke, Peggy (2004): Unternehmenskrisen im Mittelstand. www.krisenkommunikation.de/akfo22-d.html (letzter Zugriff 2004; nicht mehr erreichbar).

Schubert, Peter; Tahmaz, Birthe & Krimmer, Holger (2022): Vereine in Deutschland im Jahr 2022, Diskussionspapier des Stifterverbandes. https://www.ziviz.de/sites/ziv/files/vereine_in_deutschland_2022.pdf (letzter Zugriff: 24.03.2024).

Schwind, Jochen & Breuer, Markus (2018): Sponsoring als Finanzierungsquelle im Sport. In: Litvin, A.; Breuer, M.; Daumann, F. (Hrsg.): Sport, Staat und Politik – Perspektiven aus der Russischen Föderation und Deutschland, Göttingen: Cuvillier, S. 23–35.

Then, Volker & Kehl, Konstantin (2016): Soziologische Betrachtung des Fundraisings. In: Fundraising Akademie (Hrsg.): Fundraising – Handbuch für Grundlagen, Strategien und Methoden. 5., vollst. akt. u. neu bearb. Aufl. Wiesbaden: Springer Gabler.

Timmer, Karsten (2023): Wie finde ich die passende Stiftung für mein Projekt?, Stiftungs-Fundraising für Einsteiger*innen – ein Leitfaden; https://www.stiftungen.org/fileadmin/stiftungen_org/Verband/Was_wir_tun/Veranstaltungen/AK-Foerderstiftungen/Leitfaden-Stiftungs-Fundraising.pdf (letzter Zugriff: 13.10.2023).

Urselmann, Michael (2023): Fundraising, 8. Aufl. Wiesbaden: Springer Gabler.

Wadsack, Ronald (2006): Krisenmanagement für Sportbetriebe – eine betriebswirtschaftliche Einführung. – In: Ronald Wadsack, Rainer Cherkeh, Carolin von Büdingen, Rüdiger Hamel (Hrsg.): Krisenmanagement in Sportbetrieben. Frankfurt a. M.: Lang, S. 13–70.

Wadsack, Ronald (2019): Fundraising. In: Bezold, T.; Thieme, L.; Trosien, G.; Wadsack, R. (Hrsg.): Handwörterbuch des Sportmanagements. 3., neu bearb. u. erw. Aufl. Berlin: Lang, S. 149–153.

Wadsack, Ronald (2021): Vereinsorganisation: Den Verein erfolgreich führen und managen. Freiburg et al.: Haufe.

Wadsack, Ronald (2023): Krisenmanagement für Sportbetriebe – eine betriebswirtschaftliche Einführung. In: Wadsack, R.; Cherkeh, R. (Hrsg.): Krisenmanagement in Sportbetrieben. 2., neu bearb. Aufl. Berlin: Lang, S. 13–64.

Wadsack, Ronald & Roberg, Kerstin (2005): Qualitätsmanagement in Kreis- und Stadtsportbünden – Qualitätshandbuch Grundlagen, Salzgitter (nicht veröffentlichter Forschungsbericht)

Wadsack, Ronald & Wach, Gabriele (2019): Legitimation/Legitimationskapital. In: Bezold, T.; Thieme, L.; Trosien, G.; Wadsack, R. (Hrsg.): Handwörterbuch des Sportmanagements. 3., neu bearb. u. erw. Aufl. Berlin: Lang, S. 215–219.

Stichwortverzeichnis